# 一天一堂
# 心理分析课

第2版

苏洁　金宏素◎编著

Yitian Yitang

Xinli Fenxi ke

中国纺织出版社

## 内 容 提 要

本书共分为15章，通过上、下两篇的阐释让读者了解“心理分析”的作用并教会读者在现实生活中该如何应用这些心理分析技巧。书中通过诸多饶有趣味的案例和贴近生活的情景介绍的心理分析方法，让读者能够认识自己、读懂他人，更好地面对工作和生活。


### 图书在版编目（CIP）数据

一天一堂心理分析课／苏洁，金宏素编著. -- 2版. --北京：中国纺织出版社，2016.7（2024.1重印）
ISBN 978-7-5180-2529-9

Ⅰ. ①一… Ⅱ. ①苏… ②金… Ⅲ. ①心理学分析—通俗读物 Ⅳ. ①B84-49

中国版本图书馆CIP数据核字（2016）第073817号

策划编辑：闫　星　　　　责任印制：储志伟

中国纺织出版社出版发行
地址：北京朝阳区百子湾东里A407号楼　邮政编码：100124
邮购电话：010—67004422　传真：010—87155801
http：//www.c-textilep.com
E-mail：faxing@c-textilep.com
北京兰星球彩色印刷有限公司　　各地新华书店经销
2014年1月第1版　2016年7月第2版　2024年1月第6次印刷
开本：710×1000　1/16　印张：18
字数：222千字　定价：49.80元

# 前言 第2版

现实生活中，相信有很多人都羡慕一个职业——心理学专家，一提到这个名词，人们便会人们他们能看穿他人内心，而同时，人们也对心理学分析很感兴趣，因为它能帮助我们了解自己、了解他人、了解很多社会心理现象，从而能更好地指导我们未来的生活和工作。

的确，也许你对生活中的很多现象感到奇怪，比如，为什么我们的周围有那么多反常的行为和人：有些人只对那些贵价品感兴趣，有些成年男人还喜欢和母亲同床而眠，有些人居然喜欢偷女人内衣……也许你也会对人们的一些嗜好感到不解：为什么网游、飙车、喂养宠物、足球、追星、疯狂购物这些日常活动受到了越来越多人的青睐？人们为什么会有这样那样的情绪？它们是从哪里来的？为什么有些人会恐惧葬礼？为什么有些人总是整天怨天尤人、有些人却总是苦大仇深？他们的身上到底发生了什么……

生活中，每个人都想要了解自我，认识他人，但对自身或者他人所产生的行为往往很难做一个正确的心理分析。以上那些看似简单的问题，但有时候普通人很难探究出其产生的根源。但如果你能掌握一些心理分析的方法，那么，对于这些在普通常见的行为，你就可以轻松探究出其背后隐藏的心理秘密。

当然，任何知识都必须要运用到实践中才能产生效用，心理分析同样如此。为此，在与人接触的过程中，如果你细心观察，你会发现，对方的手脚、头部甚至是一个细小的微表情，其实背后都隐藏了一定的秘密；对方的服饰打扮乃至一个细小的装饰品，也透露了他的性格、品位；当然，他人的一些生活习惯，比如吃相醉态、消费方式、口头禅、看电视的习惯等也是他们的性格和行为状态的外显……除此之外，在具体的环境下，我们最好要学会实施一些心理小计策，无论是职场、社交场合还是恋爱中，掌握他人的心理动态，然后对症下药，都能让我们说对的话、做对的事，然后达到我们想要的结果。

可以说，本书就是一本实用的心理学教程，它不仅为我们解释了很多生活中的一些心理现象、解释了人们行为背后的心理原因，还用鲜活的案例和分析告知人们的心理分析的实用意义，总之，只要我们每天读一点，就能帮助解决生活中的困扰和难题，就能让我们自己了解自己、自己拯救自己、自己激励自己，那么，我们也能成为一名心理学家！

编著者

2015年11月

# 目录

## 上篇　心理分析认知

## 下篇　心理分析应用

# 上篇

## 心理分析认知

# 第1章　自我认知的心理分析：哪个才是真正的我

有这样一句名言："先看清真实的自我，才能理解他人的心思。"那么我们是否认识自己呢？比如，你喜欢在别人面前炫耀，总觉得生活没安全感，是否在潜意识里有着不可诉说的心理呢？而这样的心理是你自己也从未发现过的。进行自我认知，慢慢去发现哪个是真正的自己。在本章里，虽然我们认知的是自己，但"当局者迷，旁观者清"，所以我们会以第三者的角色对自己的行为作心理分析。

## 为什么离开零食就受不了

在日常生活中，我们发现有时候自己离开了零食就受不了。尤其是一些女性，零食似乎成了她们仅次于主食的物质粮食。相信绝大多数女性都有买零食、吃零食的嗜好，她们经常会在超市买大包大包的零食，放在身边，随时拿来吃。她们家里的每个角落似乎都能找到零食的影子，零食成了她们生活的一部分。其实，像这类离不开零食的人，她们的内心其实是很害怕孤单的。

如果你也是一位爱吃零食的人，那么你一定有过这样的经历：当你一个人在家无所事事的时候，就会觉得浑身不自在，想吃一点零食来缓解这种无聊。如果家里没有储备的零食，你甚至可以为了购买零食而跑上一

大段的路。当你一边吃零食，一边看电视，你会认为那是最惬意的事情。其实，这就是因为你害怕一个人独处，所以才让零食带给你某种慰藉和补偿，实际上就是通过满足口欲来消减自己的某种孤单感。你会认为一个人有东西吃也是一件还不错的事情。她们通过吃零食来获得一种心理上的平衡，久而久之，这就成为了一种习惯，所以一旦她们身边没有了零食，她们就会很受不了。

一位很年轻的女孩去看病，说最近四个月，她的体重增加了20公斤，而发胖的主要原因就是吃了太多的零食。

这位女孩，毕业于外地一所文科类大学，四个月前才来到本地。在这之前，她从未离开过父母而一个人单独生活，但因为毕业分配，不得不离开父母。对将来怀有很大的希望的她，便搬来本地，开始过起了一个人的生活。

每天，当她从工作单位回到自己的宿舍时，没有人迎接她，只有冷清、黑暗的空房子，晚餐也得自己动手准备。她难以忍受这极其孤独的生活，因此当她独自在只有一个人的屋子里时，会涌起吃的冲动，因为只有多吃零食，心理才能获得平衡。时间长了，即形成一种恶性循环，到最后一天三餐根本离不开零食，由此养成习惯后，她便每天不停地吃零食。

除了每天吃零食以外，家里的抽屉还必须塞满各种零食，否则她就会感到不安。而且这种离不开零食的习惯，也带到了单位，办公室的抽屉里也经常塞满饼干、面包。只要一有冲动，她也顾不得是否上班，马上偷偷拿出零食来吃。

其实造成其行为的原因，源于她离开了父母，独自一个人在外地生活。当心里感觉孤寂时，找不到别的排遣孤独感的方式，只有靠吃零食才能安抚自己。当很多人在失意、孤单时，便会有吃零食的冲动，有严重的甚至会出现暴饮暴食的情况。

我们常可看到有的女孩子一边谈话一边不停地吃零食，她们虽然外表

看起来是个成熟的大人，但心理状态仍停留在爱撒娇、未成熟的小孩子阶段。所以，像这类爱吃零食的人，除了零食吃得很多外，也很爱说话，因为说话也可以满足他们的口欲。

心理小贴士

一个人口欲的满足是最基本的一种欲望，在现实生活中有一些人当他们感到孤单无助，而又苦于找不到其他的消遣方式时，于是就激发了他们最原始的一种欲望，那就是吃欲。在这种情况下，吃其他的食物远不及吃零食来得有趣，于是零食就成了他们排遣寂寞、消除孤单的方式，并由此形成一种习惯，即一旦自己独处的时候，就会情不自禁地想到零食。所以，他们的生活已经离不开零食了，一旦离开了零食，他们就会一下子陷入寂寞、孤单之中。所以，对于他们来说，没有零食就会受不了。

换而言之，那些嗜好零食的人，或者是贪吃贪喝的人，都很怕孤单。假如自己是这样的一个人，那需要鼓起勇气打开心扉，多结交朋友，这样才不会被孤单包围。

## 你了解真实的自己吗

肖曼·巴纳姆是一位著名的魔术师，他曾经这样评价自己的表演："我的节目之所以受欢迎，是因为节目里包含了每个人都喜欢的成分，所以，每一分钟都会有人上当受骗。"在现实生活中，我们既不能时刻反省自己，看清自己，也不能把自己放在局外人的位置来观察自己。在大多数的时候，我们只能借助外界的一些信息来认识自己，所以，我们在认识自己时很容易受到外界信息的暗示，迷失在环境中，并习惯性地把他人的言行作为自己行动的参照。早在两千多年以前，古希腊人就把"认识你自己"刻在了阿波罗神庙的门柱上，但是，直到今天，我们也只能遗憾地说，"认识自己"仍离我们有一段遥远的距离，究其原因，来源于我们并

不了解最真实的自己。

爱因斯坦16岁那年，父亲给他讲了一个故事，正是这个故事改变了爱因斯坦的一生：

“昨天我与杰克去清扫南边的一个大烟囱，那烟囱需要踩着里面的钢筋踏梯才能进去。杰克走在前面，我在后面，我们俩抓着扶手一阶一阶地爬了上去，下来的时候，杰克依旧走在前面，我还是跟在后面。后来，钻出了烟囱，我发现了一件奇怪的事情：杰克的后背、脸上全被烟囱里的烟灰蹭黑了，而我身上竟连一点烟灰也没有。我看见杰克的模样，心想我一定和他差不多，脸脏得像个小丑，于是，我到附近的小河里去洗了又洗。而杰克看见我全身干干净净，就以为自己和我一样，只简单地洗了洗手就上街了，结果，街上所有的人都笑破了肚子，他们以为杰克是个疯子。”

最后，父亲郑重地对爱因斯坦说：“其实别人谁也不能做你的镜子，只有自己才是自己的镜子，拿别人做镜子，白痴或许会把自己照成天才的。”

我们之所以无法了解到真实的自我，大部分原因在于我们容易受外界信息的影响，诸如他人的言行等，在那些来自外界信息的暗示下，我们就有可能出现了自我知觉的偏差，好似看着杰克浑身很脏，就以为自己身上也很脏。因此，要想真正地看清自己，我们需要避免陷入别人眼光的谜团中，让自己成为自己的镜子。

有一个割草的孩子打电话给陈太太：“您需不需要割草工？”陈太太回答说：“不需要了，我已有了割草工。”这个孩子又说：“我会帮您拔掉花丛中的杂草。”陈太太回答说：“我的割草工也做了。”这个孩子又说：“我会帮您把草与走道的四周割齐。”陈太太说：“我请的那人已经做了，谢谢你，我不需要新的割草工人了。”孩子挂了电话，哥哥在旁边不解地问道：“你不是就在陈太太那儿割草打工吗？为什么还要打这个电话？”孩子带着得意的笑容说：“我只是想知道我做得有多好。”

孩子通过打电话向雇主询问了一些关于自己的信息，从而进一步认清自己。对于大多数人来说，难以拥有天生明智和审慎的判断力，实际上，判断力是在收集信息的基础上进行决策的能力，而信息对于判断有着不可忽视的作用。如果我们无法收集到一些关于自己的信息，对自己就难以作出明智的判断，导致最终不能看清自己。

当一个人的情绪处于低落、失意的时候，会对生活失去控制感，进而他内心的安全感也受到了影响。这样一个缺乏安全感的人，其心理的依赖性将大大增强，比较容易受他人言行的信息暗示。所以，当别人说出无关痛痒的一段话时，他们很容易“对号入座”，其实，这就是一种心理倾向。在日常生活中，这种心理将影响我们对自己作出真实的判断。

**心理小贴士**

我们应该学会面对自己，不要因为自己有缺陷或者自认为的“缺陷”，就通过自己的方法试图将缺陷掩盖起来，其实这是不明智的。试想，当你把自己的眼睛蒙上时，你就真的掩盖了自己的缺陷了吗？因此，无论是缺陷还是优点，我们都应该正确看待，面对自己是认识自己的必经之路。

# 为什么开场白特别长

人们在人际交往中，常常为了促进彼此之间的关系，而在交谈前先有一段开场白。这个开场白主要是为了介绍自己，吸引听众的眼球，使自己得到关注。事实上，和对方见面时，如果不先说点开场白，就直接进入重点，可能会令对方对自己的意图产生误解，从而产生戒心，为双方的沟通带来障碍。特别是在一些商业会谈中，开场白是不可或缺的。

一般来说，开场白不宜过长，只要是寥寥数语，别出心裁即可。如果一个人开场白过长，听众就不易抓到说话的重点，只会让人徒增焦急。可

是还是有人喜欢把开场白拖得很长，原因可能是多方面的，但是主要原因还是在于自己缺乏足够的自信。下面我们分析一下，为什么有很多人喜欢把开场白拖得很长，这是出于什么心理。

1. 对听者的一种体贴

有的人喜欢把开场白说得很长，其中的一个原因有可能是对听者的一种体贴。如果对方是个敏感、容易受伤的人，说话者却直接切入问题重点，可能会对对方心理造成冲击，所以说话的人就刻意拖长开场白，以顾忌对方的感受。

2. 内心的不安

还有的人会考虑如果开场白太过简短，可能会使对方产生误会或露出不悦的神情，因而留下不好的印象。于是，他们怀着这样一种不安的心情延长开场白，以使自己心里得到一种安慰。其实，这就是一种缺乏自信的表现。此外，有些人在应邀演讲时，也会把开场白拖得很长，这也是缺乏自信的一种表现。

**心理小贴士**

通常情况下，过长的开场白可以隐藏自己的不安情绪，由于害怕不能清楚地表达自己的意思，于是画蛇添足，认为开场白越长越好。这一类型的人是小心翼翼的人。

开场白太长固然令人不耐烦，但有很多人却矫枉过正，在面对上司、前辈时，生怕自己过长的开场白会使对方产生反感而遭斥责，所以不断地顾虑对方态度，这就显得太反常了。

总而言之，说话者无非是为了更详细地表达自己的意思，所以才有很长的开场白。这其中最重要的原因就是基于内心的不安，而这也是一种缺乏自信的表现。假如你有这样的表现，那不妨先逐步增强自己的自信心吧。

# 你拥有自我认知的能力吗

朗费罗说：“别人借我们过去所做的事来判断我们，然而，我们判断自己，却是凭将来能做些什么事。”心理学教授丹尼尔·吉尔伯特曾见过这样一个姑娘：衣衫不整、蒙头垢面，但长得很美。吉尔伯特教授跟她聊天，她也心不在焉，教授沉默了一会儿，突然问她：“孩子，你难道不知道你是个非常漂亮、非常好的姑娘吗？”“您说什么？”姑娘惊喜地问，美丽的大眼睛里泛着泪光。原来，在日常生活中，她所面对的是同学的嘲笑、母亲的谩骂，以致她失去了自我认知的能力。子曰：“不患人之不知己，而患人之不己知。”对于每一个人来说，最大的问题就是不够了解自己，不能清楚地认知自己。因此，我们要善于剖析内心，让自己拥有自我认知的能力。

一个人名声的好坏、能力的高低，是由别人判断而来的，自己真正的能力和本质，只有自己心里最清楚。而我们所缺乏的就是自我认知的能力。只有清楚地认知了自己，才有可能获得成功的人生。然而，一个人最难认知的就是自己的内心，最难以回答的就是：我是谁？我想要的生活是什么？如果你清楚地认知了自己，就能够在这个世界上找到最基本的出发点，就能够去善待他人。

年轻时候的富兰克林很自负。有一次，一个工友把富兰克林叫到一旁，大声对他说：“富兰克林，像你这样是不行的！凡是别人与你意见不同的时候，你总是表现出一副强硬而自以为是的样子，你这种态度令人觉得难堪，以致别人懒得再听你的意见了。你的朋友们都觉得不同你在一起时比较自在些，你好像无所不知、无所不晓。别人对你无话可讲了，他们都懒得来和你谈话，因为他们觉得自己费了力气反而感到不愉快。你以这种态度来和别人交往，不去虚心听取别人的见解，这样对你自己根本没有好处，这样你从别人那里根本学不到一点东西，但是实际上你现在所知道

的却很有限。”富兰克林听了工友的斥责，讪讪地说道：“我很惭愧，不过，我也很想有所长进。”“那么，你现在要明白的第一件事就是，你已经太蠢了，现在还是太蠢了！”这个工友说完就离开了。

这番话让富兰克林受到了打击，他猛然醒悟过来，开始重新认识自己，与内心作了一次谈话，并提醒自己：“要马上行动起来！”后来，他逐渐克服了骄傲、自负的毛病，成为了著名的科学家、政治家和文学家。

我们需要拥有全面认识自己的能力，全面认识既包括优点也包括缺点。一旦我们没有真正地认识自我，将导致产生自负或自卑等心理，最终这些负面的心理会影响到我们一生的发展。

认知自我是一种胜不骄败不馁的从容，需要冷静的思考，这样才有机会赢得最后的成功；认知自我是一种高度自立的洒脱的生活方式，看清生命的本真，创造出属于自己的人生价值；认知自我是一种高度责任心的反省，将勇气与真诚注入自己的言行中，认清前面的方向。所以，剖析内心，在忙碌之后不忘与自己作一次深入的交谈，从而拥有自我认知的能力。

**心理小贴士**

通过认知自己到孕育自己，这是一个美好的人生历程。自我认知是一种严谨的人生态度，自信而不自满，无论是春风得意还是失败困惑，我们都要保持最平常的心态。拿破仑一生战功赫赫，却在晚年遭遇了“滑铁卢”的惨败，此时他依然贪恋富贵，企图复辟王朝，最终在绝望中死去。清楚地认知自己，需要我们摆脱一切外物的依赖，绝不做金钱或权力的奴隶。

## 为什么总忍不住揭人隐私

在日常生活中，我们发现有很多人喜欢揭人隐私，他们以偷窥别人的私生活为乐，有的人甚至把别人的隐私作为茶余饭后的谈资，在谈论别人的隐私时还禁不住神采飞扬。也许没有人不喜欢听他人的隐私，以至于报刊杂志，才会乐于报道政治家、企业家、文体明星的新闻。人都有强烈的好奇心，特别是对他人不为人知的一面，或者自己从来没有听到过的消息。别人越是想遮盖，他就越有一种掀开神秘面纱的强烈欲望，想了解对方的隐私。造成这样的心理，主要原因就是其内心强烈的嫉妒心在作祟。

如果是同一工作单位中的四五个同事聚在一起，他们谈论的话题总喜欢围绕同事的一些消息打转。在这种谈话场合，有的人扮演的是提供话题的角色，在大家面前揭露他人隐私；有的人则扮演听众的角色，对别人的隐私进行评论。于是，说闲话的条件便成立了。那么这种揭人隐私提供话题的人与听众，他们的心理动机到底何在呢？下面我们通过几个方面来分析一下。

1. 为了排解欲望得不到满足的心理郁闷

很多人愿意与几个同事一起谈论别人的隐私，大多是为了排解欲望得不到满足的心理郁闷。有可能是在自己工作中与上司的价值观产生差异，出现不同的想法和意见，而自己的意见未被采纳；也有可能是因为自己在工作中与某位同事出现了一点小摩擦，而自己一直记在内心。于是，这一类型的人心中感觉痛苦，异常烦闷，才会提供这些话题。

当然，聪明的他们并不能把这种情形当作是自己本身的问题，在揭露别人隐私的时候也不会显露自己对当事人的任何看法，表面上看他们只是把客观存在的事件叙述出来。他们会认为是全工作单位的人都对某位人物感到不满，所以他有义务揭露他人的隐私，让大家的憎恨与攻击欲望得到满足。因此，他们往往会在言谈之中，故意说一些刻薄的话，并希望听众能与自己站在同一立场上。

2．基于嫉妒的心理

通常情况下，人们在谈论的对象，不是上司、部下，而是同事。因为这类话题容易得到上司的赏识，并且深受异性的欢迎。人们对自己的上司或者下属都不会产生嫉妒心理，唯有对可能成为自己对手的同事会产生一些嫉妒。他们千方百计打听对方的一些事情，只要发现一点能破坏对方形象的事情，就会大肆渲染。所以，他们一般提供的话题，内容往往是对象的私生活，以企图破坏其形象，使自己心里获得一种满足感。而如果此时听众对这个对象也不怀好意，并对其私生活进行胡乱地批评，那么提供话题者的目的就更易达成。

3．听众可以通过种种隐私，掌握上司平常在工作单位里不为人知的一面

有时候，人们可以通过对上司隐私的谈论，掌握一些他平常在工作单位不为人知的一面。听众从讯息中，发现了上司与以往截然不同的一些印象。也许以前认为上司是个异常严厉的人，想不到听了他的有关传言，才知道他原本很有人情味；也许平常看他说得天花乱坠，以为他有多么了不起，事实上不过是个庸俗的人物。人们通过谈论一些他人不为人知的一面，就会觉得自己又加深了一些对他人的了解，那种感觉就好像突然得到了某种秘密而发出的自豪感和满足感。

4．对他人怀有敌意、羡慕、自卑等情结

打探别人私生活，并对他人的隐私或私生活进行评价的人，其实，不管是提供消息的人，还是听众，他们无非就是对对象怀有敌意、羡慕、自卑等情结。以致他们能凑在一块，对他人的种种隐私谈得不亦乐乎。但一旦听众认为提供话题的人所说的内容与事实不符时，就会把这个人当作造谣生事的人，并对传闻置之不理。

心理小贴士

其实，从心理学上来说，每一个人都有一种偷窥癖，只是每个人的兴趣程度不同而已。有的人善于克制自己的那种偷窥的欲望，对于别人不想说的秘密也不会到处打听；有的人虽然知道这是不对的，甚至是不道德的，但是他们就是克制不住内心的那种偷窥的欲望。多数人认为女性尤其喜欢在背后谈论别人的隐私，其实男性也不逊色。他们在下班后几个人聚在一起喝酒时，也会谈起工作单位中有关他人的隐私，一来这可使其解除在工作单位中的紧张；二来也可以得到工作单位中得不到的情报。

对于我们自己内心深处的这种偷窥别人隐私的欲望，我们需要理性地克制，转移注意力。假如你有工夫坐在办公室里聊天，还不如花点时间和精力去多学一些知识，这样不仅显示自己不凡的涵养，而且有助于自己的事业发展。

# 为什么说话喜欢指手画脚

生活中，或许有些人没发现，自己在说话时喜欢指手画脚，并且所做出的动作幅度还挺大。在这里，我们可以以第三者的身份去看待这个行为。其实，这样的人之所以喜欢指手画脚，是其内心强烈的好胜心的无意显露。他们总认为别人会听不懂他的语言表达，于是希望依靠自己的手势来补充一些内容，但往往给人的感觉是不够理性，情绪容易激动。在有的场合，还会给人一种不礼貌的感觉。

有的人连打电话都会夸张地指手画脚，明明看不到对方，却好像对方就在眼前似的，一个人拿着电话，指手画脚地讲得不亦乐乎。这一类型的人，如果对一件事物热衷起来，他就会不把其他的事放在眼里。此外，他们也是好胜心非常强的人，如果身边有强势对手出现的话，他们一定会使出浑身解数，绝不愿输给对方。

同时，这一类型的人在工作上大多相当有能力。他们个性积极，对自己想说的话、想做的事，都能通过流畅的语言轻易地传达给他人，再加上他们拥有较强的说服能力，因此在一定程度上提高了其办事的成功率。他们在日常生活中，喜欢指手画脚，并且动作比较夸大，极富感染力，好像在演戏似的，因此周围的人很容易受他们的影响。而在工作职场或团体中，他们就可以依靠自己的那种感染力和影响力带动他人和自己一起往前冲，是创造活跃气氛、使大家团结为一体的高手。

另外，这一类型的人，他们会在自己的工作中独当一面，也会在工作之余的其他方面表现出游刃有余的深厚功底。对于在任何场合说任何话，在任何场合做任何事情，他们都会拿捏得十分恰当。但是，这类人也有软肋，那就是在挫折和困难面前，会变得十分脆弱，甚至会在重大的打击之下一蹶不振。所以，当他们感到十分失落的时候，对他们说一些鼓励的话是没有任何作用的。最佳的办法，就是给他们创造出一个新的环境，当他们身处一个全新的环境中，自然会忘记前面的失败，而激发出内心的好胜心，使他们能够振作起来。此外，他们也常常需要看一些励志性的书籍，借以鞭策自己，促使自己获得成功。

**心理小贴士**

一般来说，指手画脚动作幅度大的人感情比较丰富。这种人总是急于表达自己的情感、宣泄自己的情绪，而往往忽略了他人的感受，属于个性较为强势的人。正因为他们只考虑自己而忽视他人的感受，基本上是属于比较自私的个性。他们与那些身体僵硬、言行拘谨的人正好相反，这类人的行为举止和自己情感、情绪的表达有非常密切的关系。当他们的情绪处于高昂时，身体的动作便很自然地多了起来；如果他们心中有不吐不快的事情时，手的动作也会不自觉地夸张起来。他们拥有较强的自主性，如果缺乏主见的人和他们在一起，就有可能被其强势的气焰压制住。

# 为什么说环境造就人

在日常生活中，我们发现：同样的蔬菜在不同的水中浸泡一段时间后，再将它们分别煮熟，其味道是不一样的，这就是著名的泡菜效应。通过这个原理，我们可以知道，一个人在不同的环境里，由于长期的耳濡目染，其性格、气质、素质和思维方式等方面都会有明显的差别，这就是我们常说的“近朱者赤，近墨者黑”。泡菜效应，直接揭示了环境对人的成长的重要性。1979年诺贝尔物理奖获得者温伯格曾说过：“我之所以获奖，是因为我们学校有一种人才共生效应。”经过调查发现，原来温伯格所毕业的那一届有十多个人成为了美国著名的物理学家。对此，温伯格坦言学校的环境造就了自己的成功：“那时学校教物理的老师都特别棒，鼓励我们自由思考，作业很少，让我们学有余地。当时学校还有个科幻俱乐部，我们都是俱乐部的积极分子。”

希拉里早年在卫尔斯利女大读书，在那里聚集着全美成绩优秀的学生，但是，她们并不是全美学习最好的学生，学习最好的学生去了哈佛大学。刚刚进入卫尔斯利大学的希拉里感到了挫败感，自己一直到高中毕业都是周围人眼中的好学生，在学校备受瞩目，但现在却“沦落”为无人理睬的普通学生。不过，希拉里并没有被挫败感击倒，她决定用哈佛学子的学习方法来武装自己，使自己成为卫尔斯利的第一名。

但是，哈佛学生一直以排外出名，其秘密学习俱乐部从来不接受外校的学生。于是，为了进入哈佛大学的秘密学习俱乐部，希拉里决定成为这个俱乐部成员的女朋友。过了一段时间，希拉里就成为了哈佛大学三年级杰夫·希尔兹的女朋友，接着她又结识了男友的朋友，没过多久，她就成为了男友所在的“哈佛书呆子俱乐部”的非正式成员。在与哈佛学生的相处过程中，希拉里学会了新的学习方法和辩论方法，正是这一段不同寻常的学习经历造就了希拉里最后的成功。

希拉里善于为自己创造一个良好的环境，那就是认识比自己更优秀的人，在泡菜效应的影响下，她获得了成功。当大多数女生都与自己水平相近的朋友们在一起对明星、男生、美食或者时尚津津乐道、消磨时光的时候，希拉里却在和哈佛高材生们就关于政治、理念、时事等各类深刻的问题展开激烈的讨论和辩论。因为所处的环境不一样，于是，她们所受到的影响就不一样，希拉里的特殊能力正是利用这个环境而逐渐积累起来的。

一个生物学家在一家农场看见鸡群里有只老鹰，于是，他好奇地问主人："为什么鸟中之王会与鸡在一起呢？"主人说："因为我一直喂它鸡饲料，它从小就在鸡舍里长大，所以，它一直不想飞，而且它根本就不认为自己是一只老鹰了。"生物学家说："不过，它到底是一只老鹰啊，只要教它应该就会的。"经过一番商量，两人准备将老鹰放飞，第一天失败了，第二天失败了，第三天，生物学家将老鹰带到了山上，鼓励它说："你是一只老鹰，属于蓝天和大地，张开翅膀飞翔吧！"奇迹出现了，老鹰慢慢张开了翅膀，冲向天际。

环境对人的成长具有不可抗拒的影响作用，有人更是提出了"人是环境之子"的观点。《晏子春秋》里曾说："橘生淮南则为橘，生于淮北则为枳。叶徒相似，其实味不同，所以然者何？水土异也。"其实，人也一样，容易受到周边环境的影响。我们与什么人相处，就会沾染上什么样的习惯、品性，而这些行为特点将会影响我们的一生。因此，为了有效地认知自己，我们应该给自己创造一个良好的环境，努力从周围的环境汲取营养，以此提升自我。

心理小贴士

古人曰："近朱者赤，近墨者黑。"当我们接近品性好的人时，心中不自觉地会萌发出见贤思齐的想法；当我们接近品性坏的人，就很容易变坏。我们生活的环境就像是一个大染缸，很容易将形形色色的人同化在其中。当我们处于修心重德的环境中，我们就会受到身边人的言行教化，自觉地约束自己，使自己的身心都得到不断的长进；相反，假如我们处在道德颓废的环境中，我们就会受到身边消极观念的影响，随波逐流。因此，要想认清自己，有效地提升自我，我们应该选择一个良好的环境，这样我们的心灵才能够得到升华。

# 你认同自己吗

心理学教授威廉·詹姆斯说："世界精神太忙碌于现实，太驰骛于外界，而不遑回到内心，转回自身，以徜徉自怡于自己原有的家园中。"世界上没有两个完全相同的人，每个人都是独立的个体，在我们身上有许多与众不同甚至优于别人的地方，这是值得每一个人骄傲的地方。我们没有理由总是欣赏别人，而忽略了自己的优点；没有理由一味地比较，而最终丢失了自我。有人说："生活中并不是缺少美，而是缺少发现美的眼睛。"认同自己，学会欣赏自己，你会发现一个全新的自己。

在某大学泰勒·本·沙哈尔教授的一堂课上，有个学生向沙哈尔提问道："请问老师，您是否知道您自己呢？"沙哈尔心想：是呀，我是否知道我自己呢？他回答说："嗯，我回去后一定要好好观察、思考、了解自己的个性和心灵。"

本·沙哈尔教授回到家里就拿来了一面镜子，仔细观察着自己的外貌、表情，然后来分析自己。首先，沙哈尔看到了自己闪亮的秃顶，想："嗯，不错，莎士比亚就有个闪亮的秃顶。"随后，他看到了自己的鹰钩

鼻，心想：“嗯，大侦探福尔摩斯就有一个漂亮的鹰钩鼻，他可是世界级的聪明大师。”看到了自己的大长脸，就想：“嗨！伟大的美国总统林肯就是一张大长脸。”看到了自己的小矮个子，就想：“哈哈！拿破仑个子就很矮小，我也是同样矮小。”看到了自己的一双大脚，心想：“呀，卓别林就是一双大脚！”

于是，第二天他这样告诉学生：“古今国内外名人、伟人、聪明人的特点集于我一身，我是一个不同于一般的人，我将前途无量。”

泰勒·本·沙哈尔教授善于欣赏自己，这令他对自己充满了自信，即使在别人看来，他的长相并不出众，但是，经过他一番积极的心理暗示，发现自己身体的每个部分都与名人、伟人、智者扯上了关系，这样一来，自己肯定是一个前途无量的人。尼采曾这样说：“聪明的人只要能认识自己，便什么也不会失去。”只有学会欣赏自己，才能使自己充满自信，并从自信中获得快乐，使自己的人生不迷失方向。

有这样一句话：“人活着，或许有不少人值得欣赏，但你最应该欣赏的是你自己。”波尔是丹麦的物理学家，他在年轻时就提出了量子论，然而，在一次科学讨论会上，权威们却否定了波尔的理论，但这并没有使波尔失去信心，反而使他更加努力地研究起来。为了寻找理论根据，他做了大量的试验，后来，科学家们证明了波尔的观点，他因此荣获了诺贝尔奖。正所谓“天生我材必有用”，学会自我欣赏可以产生巨大的力量推动自己逐渐迈向成功，学会欣赏自己是成功的第一秘诀。

小泽征尔是世界著名的交响乐指挥家，在他还没有出名之前，曾参加过一次世界优秀指挥家大赛。在决赛中，他按照评委会给出的乐谱指挥乐队演奏，在指挥过程中，小泽征尔敏锐地发现了不和谐的音符。刚开始，他以为是乐队的演奏出现了错误，于是，他停下来重新指挥，但是，演奏还是出现了不和谐的声音。他当即指出：“我觉得乐谱有问题。”这时，所有在场的作曲家和评委会的权威人士都坚定地说：“乐谱绝对没有问题。”面对着权威人士的质疑，小泽征尔涨红了脸，但还是斩钉截铁地大声说：“不！一定是乐谱错了！”话音刚落，评委们全部站了起来，对他报以热烈的掌声，祝贺他通过了决赛。原来，乐谱不过是评委们精心设计的一个“圈套”，而小泽征尔却因坚定地认同自己而获得了最后的成功。

每个人都具有独一无二的价值，没有任何人能够取代我们，也没有任何人能够贬低我们，除非你首先看轻了自己。有人总是叹息自己工作不如别人，外貌不够出众，才不被老板赏识。其实，在生活中，我们没有必要太在乎别人的看法，学会欣赏自己或许能够重新找回自信。“金无足赤，人无完人”，每个人都不可避免地会有一些缺陷或者伤痛，这个世界上没有完全相同的叶子，我们都是最特别的那一个。抛弃对他人的膜拜，以及对自己的叹息，冷静地思考，你会发现自己身上有着许多他人没有的特点，自己和他人一样优秀。所以，别人能力出众，又有什么值得羡慕的呢？

### 心理小贴士

曾有这样经典的一句话：“你站在桥面上看风景，看风景的人却在楼上看你。”当我们总是在羡慕别人的时候，别人却正在欣赏着你，可谓“风景总是在别处”。在生活中，彼此的互相比较是不可避免的，但是，我们需要知道，自己既有缺点更有优点，因此，在欣赏别人的同时不要忽略了自己。欣赏自己是一种智慧，它会令你浑身上下散发出自信的魅力；欣赏自己是一种心理暗示，你把自己想象成什么样，你就真的会成为什么样的人。认同自己，学会欣赏自己，活出自己的价值，眺望远处的风景，准确把握自己的坐标，这才是人生的魅力所在！

# 第2章　日常行为的心理分析：我们为什么会有这样的举动

行为心理学是20世纪初起源于美国的一个心理学流派，它的创建人为美国心理学家华生。所谓行为心理学，也就是通过行为分析心理。通晓了这些知识，会让我们在日常生活中逐渐了解自己的内心，并帮助我们分析周围人的行为和个性。

## 言辞谦恭的人怀着什么样的心理

人们在人际交往中所用的语言可以拉近或推远彼此间的心理距离。事实上，任何人际交往都是在交际双方所构成的心理距离中进行的，适当的心理距离能够使人际交往取得成功。如果你想使你的人际交往能够顺利愉快地进行下去，那么有分寸地使用恭敬的语言是很有必要的。这些谦恭的语言要依时间、场合、目的而微妙地表达，适当地加以运用。俗话说“过犹不及”，如果你在人际交往中所用的言辞过于谦恭，反而显得十分肤浅，给人一种很虚假的感觉，从而使他人对你持有戒心。

在日常生活中，我们在与他人最初交往的时候，会使用到一些谦恭的言辞，如“您”“请”“劳驾”“谢谢”“辛苦了”“请多多关照”等敬语。由于双方不是很了解，所以都会在言辞上彬彬有礼、小心翼翼。而如果加深了进一步的交往，已经变得较为熟悉了，双方就会忽略掉这些敬语，而是直接用日常语言进行有效地交流。所以通过对话，就能察觉到谈话双方关系已经到了何种程度。比如，一对男女朋友，才开始见面的时候，双方都会用一些敬语，男性一般会表现得很有礼貌，而女性也会显得十分矜持。而一旦他们的恋爱关系确定了下来，在一起相处的时间久了，就会省掉那些“繁文缛节”，彼此有什么话就直接说出来。他们之间使用的语言都是极为亲昵的话语，甚至有的语言已经成为了他们爱情秘密的一部分，旁人是听不出所以然来的。另外，我们在日常交谈中，也常能通过对敬语的使用而判断出彼此之间的关系。

那些在人际交往中过分谦恭的人，在与人交往的时候，总是低声下气或用恭敬的语言、赞美的口气说话。你与他们初次交往的时候，可能会觉得对方是不好意思的缘故，虽然感觉怪怪的，但绝不会对他们产生厌恶。然而随着你们交往的日益深入，你就会逐渐察觉这种人的态度，而且会气恼不已。这时你对他的评价大多变为：“这家伙原来是个口是心非、表面恭敬，却一直对我有戒心的人！”总而言之，那些对你过分谦恭的人往往是对你持有戒心的人。而造成这种情况的原因很多，可以从以下几个方面来看。

1．你们之间有了新的障碍

日本语意学家桦岛忠夫说：“敬语显示出人际关系的密疏、身份、势力，一旦使用不当或者错误，便扰乱了应有的彼此关系。”因此，如果是在那种无关紧要或很熟悉的人际关系中，我们根本没有必要使用敬语。不过，如果是在很亲密的人际关系中，有人突然使用恭敬语言对你说话，那就得小心了。是否在你们之间出现了新的障碍？有可能是你无意之中把他得罪了而毫不知情，但是对方却对你产生了距离感，于是在言词上利用“敬语”来疏远你。

2．对你怀有敌意

如果在交谈中对方常常无意识地使用敬语，就表示双方之间心理距离

很大，关系比较疏远。而如果对方过分地使用敬语，就表示对你怀有激烈的嫉妒、敌意、轻蔑和戒心。例如，当一个女人对男人说话时，使用过多的敬语，绝对不是对他的一种尊敬，反而表示的是一种敌意，她有可能表达出来的意思是“我对你一点感觉也没有”或是“我根本不想和你这样的男人接近”等等。

如果你与有些人已经交往很久了，彼此了解也很深刻。但是，他依然在运用客气与亲切的措辞，说话的语气十分谨慎，甚至会过多地使用很多恭敬的语言，在这样的情况下，如果对方不是心里有苦闷，就是心中对你怀有敌意。

3.企图控制对方

如果有人在与你交往的时候，故意使用谦逊与客气的言语，那是因为他们企图利用这种方式和态度闯进你的心里，突破你的防备心理。实际上，他们之所以产生这种行为，其心理动机在于企图控制你，实现自己居高临下地与你进行交流的目的。

法国作家拉伯雷说：“外表态度上的礼节，只要稍具知识即能充分做到；而若是想表现出内在的道德品行，则必须具备更好的气质。”很多人无论是言辞方面还是行为方面，总是恭恭敬敬，这种情况也可以说是由于其某种气质的欠缺。当然，我们在与人进行交往的时候，有分寸地使用敬语，这是一种礼貌的表现，也是建立良好人际关系的方法之一。但是，“殷勤过度，反而无礼”，人与人之间的礼貌，有其固定的形式、程式以及语言措辞，这是每个人都必须遵循的。如果对方突然对你过分地谦恭，那么你一定得小心了，他已经对你开始怀有戒心了。

心理小贴士

一般来说，大凡那些习惯于用谦恭言辞的人，那些以令人难以忍受的过分谦恭的态度对待他人的人，内心往往积聚着对他人的强烈攻击欲。也许他们在幼儿时期受过父母严厉而又错误的教育，尤其是有关礼节方面的。所以，那些在一般人看来可以许可的欲望，却不被他们的良心所认同，这就在一定程度上导致了他们产生了罪恶、不安和恐惧等感觉。于是，他们便将种种不被良心认可的欲望、冲动和情绪全压抑在内心深处。但是，他们内心有种恐惧，担心那些越积越多的被压抑的欲望、冲动和情绪有一天会形成强大的冲击力而发泄出来。他们直觉地意识到这一点，所以决定用谦恭的言辞来掩饰，企图进行自我心理防卫。

# 为什么有人喜欢爆粗口

我们在日常生活中各个场合，都会听见一些粗口，那些不堪入耳的话就这样顺势进入我们的耳中。其实，说“粗口”是和说话者本身的成长环境，家庭的潜移默化以及个人的修养，还有内在和外在的文化素质是否协调统一分不开的。

很多人之所以喜欢说“粗口”，有各方面的原因。有可能是因为习惯，有可能是一种愤怒地言语表达，有可能是一种素质的低下，有可能纯粹是一种心理上的满足，还有可能是游戏的心理。当然，不同的粗口有着不同的心理意义。

1.出于习惯

在现实社会中，说“粗口”对于某一部分人来说是一种习惯，当然也与个人素质有一定的关系。其实，有时候“粗口”不一定等于读书少，或者没教养。比如，很多淳朴的劳动人民，虽然经常说“粗口”，但是他们的心底是善良的。他们说的“粗口”已经融合进生活中了，成为了一种习

惯，成为了表达他们喜怒哀乐的语言媒介。所以，这一部分人说“粗口”是一种习惯，就像是口头禅一样。在某种情况下，他们是不自觉地说粗口，对别人没有任何的实际意义。

2．愤怒的表达

有人说：“名人，斯文的人，在说到‘小人’时已经无法用什么词来形容了。”因此，在这时候用“粗口”比较贴切。如大家都很熟悉的中国台湾名人李敖，读书非常多，可以说是“满腹经纶”，但是在谈到中国台湾政府里面的“小人”的时候，还是忍不住要讲“粗口”，听众对此的反映是“热烈鼓掌”，认为李敖说出了民众的心声。当然，生活中的李敖也不讲“粗口”。而有些说粗口的人，只是自制力不够，口不择言。

3．为了发泄心中的不满

人们聚在一起，特别是很多男人，比较容易说一些“有伤大雅”的粗话，而他们尤其偏爱涉及禁忌的词汇，如“傻×”等与性行为有关的语言，或“放屁”等牵涉排泄物的词汇。在他们看来，好像只有说几句“粗口”才能体现男子汉的气概。其实，他们说粗口的主要原因是内心的欲望得不到满足。

现实中，有些人，谈吐文雅，外表斯文，可内心却是险恶，肮脏的。他们在平时的表现是彬彬有礼、恪守规矩，不轻易动怒。而在某些时候喜欢口出秽言的人，他们主要是属于心理某些方面存在着偏执的人。他们在平时就显得焦躁不安，内心有众多不满的情绪，却没有办法来发泄，所以一天、两天之后，经过长年累月，只要碰到偶发事件，一旦他们逮到机会，不论何时、何地、何人，他们一样照说不误。有时候，即使说话的人不是存心的，但对听者来说，心里却很不好受。这种因欲求得不到满足而产生的粗言恶语，说话的人在说出口的时候，并没有考虑到会带来哪些后果，至于是否会伤害到别人，他们更不会考虑到了。

4. 寻求心理上的平衡

如果从温文尔雅的女人口中说出一些不堪入耳的粗口，这是让人十分难以理解的。但是近几年来，女性亦毫不逊色于男人，也学会了爆粗口，甚至变得更加厉害，有的女人说的比男人说的更露骨更难听。其实，这就好似妇女解放运动时期极典型的女性心理特征。如果我们站在女性的立场上看待这种现象，就会明白其心理动机是希望表现得像男人一样，其实就是为了寻求心理上的某种平衡。她们会想“为什么男人可以说，而我们不能说”，于是，她们也像男人一样说粗口，以寻求一种与男人并驾齐驱的感觉。

5. 只是种游戏

我们在生活中不难发现，那些孩子们特别是男孩子也爱说粗话。这是为什么呢？如果孩子们在父母面前说粗话，毫无疑问，一定会受到父母的训斥。所以，这时候粗话就只能变成孩子们和同伴之间在互相游戏时的用语。孩子们都知道“那种话”并没有恶意，只是一种游戏，而这种游戏可以让他们顺利摆脱父母教训的逆反心理。在小伙伴面前自由地说“粗口”，甚至可以让他们觉得自己也能像大人一样说话，自己看起来也像个大人。

**心理小贴士**

可见，所谓粗话，大多是为了发泄内心的不满，有的也是出于习惯，或是一种愤怒地表达，或是寻求某种心理平衡，一般来说并不具有特殊意义，同时又不会对大家的身体造成实际上的伤害。所以，除了那些想给你致命打击而事先在内心计划好的蓄意性言语外，对于别人的粗言恶语，最好充耳不闻。

# 经常说错话的人有着什么样的心理

一般情况下，当人们意识到自己说错话了，他们都会尽量为自己找一些借口，表示自己所说的那些言语是因为“不小心”，并“不是真心的”，但实际上，那不小心说错的话才是他真正想说的，这种情况，可以说是屡见不鲜。由此可见，那些常常会说错话的人，我们可以推断为大部分是习惯隐藏真正的自己，是个表里不一的人，而且，他们心中很强烈地禁止自己把这些真心话说出来。但是，有时候越想克制，却往往在不经意间随口说出。他们在说错话的那一瞬间，面部表情是极为不自然的，而且有些人还会马上及时补救，想挽回说出的话，怎奈越解释越黑。这时候，我们就会明白原来他是个说一套做一套的人。

心理学家弗洛伊德认为，说错、听错或者是写错等“错误行为”，都是将内心真正的愿望表现出来的行为。我们在日常生活中，相信每一个人都有在无意识中说出奇怪的话的经历。当那些违背本意的话语脱口而出后，我们才追悔莫及。但是，这时候，你会发现，那些看似说错的话，实际上就是我们内心最真实的想法。所以，在生活中那些经常说错话的人，其实就是表里不一、说一套做一套的人。

我们在说话的时候，通常都有这样一些想法：“这件事绝对不能讲出来”“这事决不能弄错，非小心不可”。其实，当你越这么想的时候，就越容易将它说出来。相信很多人在日常生活中也遇到过类似的情形，越是被禁止的东西，越想压抑它，就越容易流露出来。例如，奥地利下议院院长，在宣告会议即将开始时，一不留神说成了“议会结束”。由于他知道这个议会顺利进展的困难度颇高，所以议长在心中便存在着“希望会议尽早结束”的愿望。而他本人意识中清楚地知道议会一定要进行，但在潜意识里又有恐惧、不想面对的心理，两者互相矛盾、冲突，因而不经意间说出了错误的话。

心理小贴士

其实，在现实生活中，每个人都是善于隐藏自己的，而语言是经常被他们用来隐藏一些真实想法的媒介。换句话说，就是他们在说话的时候，心中正在思考的是一个想法，说出口的却是另外一个想法。而当这两种矛盾的想法在内心做挣扎的时候，就会一不小心把心中的真实想法说出口。因此，如果在生活中碰到那些经常说错话的人，你就要小心对方了，他们极有可能是当面说一套，背后做一套的人，而那些说错的话才是他们内心真实的想法。

总而言之，每个人在心中都隐藏着一些真实想法，当你越想去隐瞒它、掩饰它的时候，就越容易说错话或做错事，无意之间就会在别人面前泄露你的心事。

# 为什么有的人总是喜欢唠叨

在日常生活中，我们经常会碰到一些爱唠叨的人，他们经常会抱怨说这个没有做好，那件事情哪里又出了差错。从早到晚，他们的嘴巴似乎就没有休息过。他们总是对生活中的每一件事情进行挑剔，甚至是一些微不足道的小事。其实，这类爱唠叨的人都是追求完美的人，他们对生活中的每一个细节都苛求十全十美，见不得任何一点瑕疵。于是，当生活展现在他们面前的时候，他们就会发现生活中有很多不如意的事情，由此生出一些抱怨、唠叨。

为什么有人特别喜欢唠叨、发牢骚呢？其实，人生在世，不如意事十之八九。当他们一遇到那些不如意的事情，自然也就觉得有满腹的牢骚，喜欢唠叨了。我们不难发现，很多上班族喜欢在喝酒时发牢骚，有时候真是唠叨个没完没了，一发不可收拾。他们大多会就生活、工作上的事情进行唠叨：“我们老板的脾气真差，恨不得我们的一言一行都按他的想法去

做，事实上很多时候他明明知道自己是错的，还希望我们坚持下去”或者是“那家伙真是令人讨厌，既然没有做这件事的能力就早说嘛，现在将事情搞成这样子才来找我们，真是一点也不把我们放在眼里。”在他们心里，更希望生活能够按他们的想法来进行，这样才能够十全十美，完美无缺。

那些经常对生活充满抱怨，喜欢唠叨的人，大多是属于追求完美的人。他们凡事都要求高水平、高理想，并时常在脑海中描绘完美的蓝图。由于现实与理想之间存在差别，于是他们就对现实生活充满了抱怨，自然也就开始唠叨不断了。一般来说，那些喜欢唠叨的人，通常希望自己能过上理想的生活，甚至于成天沉迷于幻想的世界中，对于现实的问题则采取漠视的态度。

1．有些自以为是

这些经常唠叨的人，在他们的心目中，总认为自己是最完美、不会出错的人。因此，在某种程度上说，这种类型的人非常难相处。他们总是充满自信地认为，自己的表现完美无缺，因此常会愤世嫉俗地认为：他们怎么总是这样，什么事情都做不好，做的什么事情都不能够让自己满意。其实，如果他们能够早一点认清事实，了解自己并不是十全十美的，他们就会对别人少一点苛求，少一点唠叨了。

2．大多怀才不遇

在那些喜欢唠叨的人之中，很多都是怀才不遇的人。他们本身是很有能力的，但因为人际关系不好，而被周围的人所孤立，所以无法受到重用，无法取得更为长远的发展。而他们的人际关系差的主要原因也是由于他们喜欢唠叨。没有谁愿意听别人的唠叨，也没有人受得了整天唠叨的人。因此当身边的人受不了他们的唠叨的时候，就会一个一个地离开，最后只剩下他们自己孤单一人时，才警觉到其实自己也并不是完美无瑕的人。

心理小贴士

其实，我们换个角度想，如果世界上没有这些爱唠叨的人存在，那么所有人都有可能安于现状，不求进步。正是因为有这些会唠叨、敢批评的人存在，才能让人们更加努力追求完美。例如，父母老是在我们耳边唠唠叨叨，但是如果没有他们的唠叨，我们就会在成长的路上多走一些弯路，少一些成功的机会。正是他们的唠叨，使我们避免一些不必要的麻烦。因此，那些老是喜欢唠叨的人虽然显得有些啰唆，但在挑他人的毛病、找他人的缺点方面，却拥有傲人的才能、敏锐的眼光，所以有时候你不妨侧耳倾听，或许会有意想不到的收获。

# 为什么有的人喝醉了喜欢打电话

生活中，细心的人会发现，一个喝醉酒的人，常常会猛打电话，并且会在不适合打电话的时间打电话，这是什么原因呢？其实，这些人的心理，是希望能和更多的人交往、沟通，借以发泄内心的不满情绪。我们经常可以在夜晚的街道上，看到一些醉汉漫无目的地闲逛，有时也可以看到他们无缘无故地骚扰行人，这些行为，无非是想诉说自己的孤独而已。所以，那些醉酒后喜欢打电话的人，其实他们的内心是很孤独的，他们渴望得到别人的关怀。

酒醉后的人，经常会自以为想起了一件十分重要的事情，就打电话想给别人说一说，而且他们打电话是没有时间限制的。但是接电话的人，却经常会被他那些所谓的理由弄得哭笑不得，特别是半夜三更接到电话，更是令人感到不胜厌烦。那么，为什么会造成这样的情况呢？

1.有些喝酒的人本身就是孤独的

其实，那些去靠买醉来发泄不满情绪的人，本身就是孤独的。我们在生活中，如果遇到不如意的事情，完全可以自己进行调节或者是向朋友诉说。

那些喝酒的人，希望靠酒精来麻醉自己，使自己忘记痛苦，他们的内心是极为孤独的。他们或许三五个朋友一起喝酒，虽然身边的人很多，但心中的苦闷却无处诉说，所以只好喝醉之后，到处打电话来发泄自己憋屈的情绪。

2. 渴望得到朋友的关怀

我们通过仔细观察这些人的举动就可知道，在喝醉酒时打电话的人需要他人的关怀，尤其是来自朋友或最为亲密的人的关怀。那些借酒麻醉自己的人，为了使自己身心得到解脱，摆脱所在群体给他带来的束缚，所以会作出深夜打电话来博取别人注意的行为。在这种情况下，他们只是为了发泄平常内心的不满情绪和苦闷烦恼，或者借机发泄平常和上司、同事间的不愉快。虽然他们看起来，好似无意识，但是他们心里有更为清晰的渴望，那就是获得朋友或亲密的人的安慰，所以他们的无礼举动，多半都是针对自己关系亲密的朋友或亲人。

由于日积月累起来的不满情绪和心理紧张，使得他们一旦脱离群体时，就会想方设法地进行释放。而这种感觉，平常是被压抑的，所以借着酒醉，内心就想挣脱束缚。于是，为了消除内心的孤独感和郁闷情绪，他们渴望得到来自别人的一些关怀和注意力，只好打电话给他的朋友，这就是其行为产生的心理动机。

3. 非常识的行为

其实，喝醉酒打电话是一种“非常识的行为”，因为喝醉酒的人已经不具备与人交往应有的常识，所以才会在不适当的时候打电话，如深夜一两点，而且，他们还会说些不同于平常的话语，例如，他们会说：“我现在正在喝酒，你给我马上过来，我会一直等到你来陪我为止……”

当你接到这种电话时，即便置之不理将电话挂断，对方还是会坚持再打来，并且振振有词地说“你真是太不够意思了，对我一点儿都不关心”等，说一些令人厌恶的话，如果再加上电话里夹杂着吵闹、酒醉的杂乱声，更会让接电话的人情绪恶劣。

**心理小贴士**

那些喝醉酒猛打电话的人，其实他们的心态已经脱离了现实，他们有强烈的说话欲望，而接电话的人则会因为被打扰而显得不耐烦，两人当然话不投机。有些人认为既然对方已经喝醉了，只要随便说些应付他的话敷衍过去就算了，这通常是一般人的处理方式；但是如果你对好友喝酒时或酒后猛打电话采取容忍的态度，照顾他并且亲切地宽慰他，那么这种做法显得极为不妥。因为那些喝酒醉的人，一旦打开了话匣子，那就无法停下来，他们会纠缠着你没完没了。

绝大多数的人都生活在一定的团体或群体中，无法完全脱离群体，他的一切行为都是处于被限制的状态。但那些喝醉酒猛打电话的人，他们的价值观和生活方式已经完全脱离了自己所在的团体和群里，因而显得行为比较异常，面对这样的人，最好的办法就是敬而远之。

# 为什么身边总有人喜欢请客

在日常生活中，我们经常会遇到这样一类人，他们喜欢请客，动不动就说“这次我请你们”，或者很豪爽地说“想吃点什么，随便点，今天我请客”。当他们表露出请客的欲望时，那种自豪感和满足感显得尤为突出。其实，每个人都希望自己拥有请客的经济能力，因为只要自己有钱请客，就可以在朋友或同事面前显示自己有能力的一面，所以，大凡喜欢经常请客的人，都拥有一种强烈的自我满足欲望。

小李是公司里公认的慷慨人物，主要原因就是他经常请客。经常看到他在下班后，邀请着一个办公室的同事们去吃饭或是到酒吧去玩。通常情况下，一般都是由小李买单。其实，大家一起出去吃喝玩乐，消费完全可以AA制，最初同事也都建议说费用大家平摊。但是，每当买单的时候，小李就显得特别热情地说：“我来吧！今天玩得很高兴，我请客！”

久而久之，大家都习惯了，所以每一次出去玩都是小李一个人买单。

有的同事见有便宜可占便不再言语买单的事情，并且乐意享受这样的待遇；而有的同事感觉老是小李一个人买单显得自己很不如人，于是干脆在下次出去玩的时候找借口避开了。

而小李本人呢？其实也是有苦说不出。由于自己追求一种满足感、虚荣感，为了能在同事们面前表现出大方慷慨，自己不得不在日常开支中节省一点。

小李之所以特别爱请客，最主要的原因就是想获得一种满足感。对他来说，虽然用于请客的开销很大，但是每次请客的时候，他还是对那种内心获得的满足感欲罢不能。他宁愿自己在平时节省一点，或者根本没有多少钱，但是依然乐意请别人吃喝玩乐。

此外，我们可以观察那些被请客的一方。一般来说，被请客的一方通常有两种心理：一种是别人请客，自己不用掏腰包，表面上是自己占了便宜，但是让对方付钱，显得别人很有能力，一对比就很容易形成自卑感，反而不能痛快地享受；还有另一种被请客的心理，那就是认为别人请客让自己痛快享受是理所当然的，这种人大多都是不愿自掏腰包的吝啬鬼。此外，他们还有另一种用意，那就是从小在心理上形成的一种依赖别人的心理。

对于每个人来说，最早接触的人际关系是从与母亲那里开始的。我们每一个人都有向母亲撒娇的经验和权利，而这种依赖、撒娇的态度一旦固定成型，长大成人后在现实生活中也容易出现，有时就体现在接受别人请客的满足感中。而那些喜欢请客的人，即便他们的立场是出于好意，是主动邀请对方一起吃饭，但其心态和接受自己好意的对方也是一样的，这样一种心理与那些过度保护孩子的母亲的心理是非常相似的。

很多母亲会过度保护自己的孩子，甚至达到溺爱的程度，她们什么事情都替孩子做好。母亲之所以有这样的行为是有原因的，她们主要是想通过这样的行为来满足自己的心理欲望。当母亲们还是孩子的时候，她们也受到了自己父母的呵护，那种受呵护的心理满足感一直伴随着她们，等

到自己做了母亲，她们就会把自己的孩子当成自己欲望满足的对象。我们看见这样的母亲都不禁为她的母爱所感动，但是她的实际行为是企图通过过度保护孩子的方式来满足其心理欲望。而那些喜欢请客的人，和喜欢被人请客的人凑在一起，就如同过分保护孩子的母亲与向母亲撒娇的孩子一样，他们彼此各有所需，且分别都得到满足了。

**心理小贴士**

很多人特别爱请客，归根结底他们是想从请客的过程中获得一种满足感。这种满足感可能是一种优越感、自豪感，可能是为了表示对朋友的谢意，可能是有事相求于朋友，也可能纯粹是为了增进朋友之间的感情。于是，他们乐意借着种种理由请客，使自己获得一种满足感。甚至有时候根本就不存在请客的理由，大家完全可以AA制消费，但他就是喜欢付钱，而且坚决制止别人付钱。这时如果有人表示拒绝，他还会露出不高兴的神情，并责备说："你真是太见外、太客气了，我付还不等于你付啊，大家都是自己人！"从他的表情和说话口气来看，他们真的不像是虚情假意，简直已经完全沉醉于请客所带给他的满足感中。

所以当我们看到那些其实身上并没有多少钱，却总想办法、找借口请客的人，就应该清楚他们的心态处于一个怎么样的状态，只要他们不是别有所图，你完全可以接受他们的好意。

## 为什么有的人喜欢买罐装食品

在生活中，经常发现很多人喜欢买罐装食品，他们在逛超市的时候，总是对那些罐装食品有兴趣，而不屑于那些散装的食品。他们的购物车里，总是塞满了罐装啤酒、盒装的牛奶、桶装的方便面，他们甚至乐意吃一些盒饭而不愿意进餐馆。其实，这类人的防范意识很重，他们在心里对自己的生活有一定范围的认定，一旦超出了他们生活的界限，他们就会不

予理睬，不愿意去接受，而是愿意坚持自己固定形成的想法。

我们经常会发现，有些乘客会买一大堆罐装啤酒、果汁或盒饭入站乘火车。而他们对自己的这种行为有各种各样的理由，他们会说："这会比在车上买便宜"或"如果在途中想吃东西的时候怎么办，可以事先作些准备"。事实上，这类人的行为直接透露了他们较重的防范意识，他们的购买行为，潜藏着很多内在复杂的心理问题，大致可以分为以下三类。

1.有过恐慌的经历

第一种是曾经有过恐慌经历的人，比如说，他们曾经有过缺粮的经历，可能在以前经常会担心第二天没有饭吃，并且这样的恐慌感是随时会出现的，尤其是在面对很多食物的时候。所以，他们为了寻求一种安全感，为了消除自己内心的那种随时出现的恐慌感，宁愿多买一些物品放在身边以防万一，而罐装食物的易于方便携带的特性，使得它是最恰当的选择。他们会在外出时，经常提醒自己防患于未然，这样便激发了他们的购买欲望。

2.寻找安全感

第二种是离开家外出旅行的人。对这些人而言，家是一个可供居住的舒适场所，更是一个长久依赖直到老死的地方。而离开家外出旅游，对于他们来说，就显得无所适从，丧失了内心的安全感。于是，他们想通过买一些罐装食品来重新获取一种安全感。这表明他们对于家以外的世界，时刻怀着防范的心理。

家庭对每个人来说，都是一个安全舒适的地方，是心灵的港湾。在心理上，人们依赖家庭的程度，就如同幼时依赖母亲的乳房般。当你经过一天忙碌的工作，回到温馨气氛的家里，立即就会获得一种较为稳定的安全感；如果一个人不能依靠家庭，不能依赖家庭，那么他就没有心灵上的一种归宿感，甚至感觉无法生存。所以对他们而言，家庭是其可以获取安全感的地方，也是可以确认爱的地方。

而那些在火车站购买大量罐装的方便食品的人，本来已经过惯了家中舒

适的生活，一旦离开了家，就等于幼儿离开了母亲的乳房般而缺乏安全感。于是，他们在心里极力寻求另外一种可以代替家庭的安全感，而购买大量的罐装食品正好可以给他们足够的安全感。他们会对旁边的人说："只要一旅行，我的食欲就特别好。"从这些话里，其实可以发现这种购买欲望所带来的影响。

3.满足自己的欲望

第三种是参加团体旅游或全家出外旅行时，购买大量食物的行为。当我们出外游玩时，就等于离开了现实的严肃生活，让自己的心灵得到暂时的松懈，让自己获得一种愉快的心情。越是快乐的旅行，就越容易勾起人们的食欲。从一个人的心理需求来说，我们就可以发现他们急于想从罐装食品、方便食品中获得一种安全感。

**心理小贴士**

无论是从罐装食品本身，还是从人们在购买那些方便食品的心理动机上看，我们都能够发现他们的防范意识比较重。除了他们自己设定的生活范围及家庭之外，他们对外界都持有一种戒心，并努力从一些外在的表现来获得一种安全感。

# 为什么有的人笑容里藏着刀

一般来说，那些笑里藏刀的人，都把自己真实的目的掩埋得很深，你不可能一下子就发现它。而且他伪装的外表，很容易会获得你的信任和好感。他可能会利用甜言蜜语跟你套近乎，目的是窃取你的劳动成果；他可能经常在你面前装得可怜兮兮，目的是让你主动让出升职的名额；他可能在你面前把你赞得飘飘然，使你在激动之下把什么都告诉他，他却在背后拿你不经意透露的信息去跟老板告密；他可能表面对你赞赏有加，却在背后用讽刺的话来奚落你；他可能热心肠地邀请你跟他一起负责某项任务，目的是在出问题时让你背黑锅；

他可能经常给你小恩小惠，却在关键的时候勒索你一大把。

毕加索和勃拉克都是伟大的艺术家，也是形影不离的好朋友。有一天，勃拉克很沮丧，他把一幅画作坏了，有不少人对那幅画的评价都不好。勃拉克自言自语道："真想把这幅画毁掉。""别，别毁了它。"毕加索眯着眼睛，在那幅画前踱来踱去，并不停地赞叹："这幅画真是太棒了！"勃拉克开始有点将信将疑："真的吗？"毕竟是朋友，又是个行家，毕加索的话让勃拉克动摇了。"当然，你把它送给我，我拿我的作品与你换，如何？"毕加索很肯定地说。最后，毕加索换回了那幅画。

几天后，一些朋友去勃拉克的画室，他们看到了毕加索的那幅画挂在勃拉克画室最显眼的位置。勃拉克感动地说："这是毕加索的作品。他送我的，真是美极了！"这些朋友也去了毕加索的画室，他们诧异地看见勃拉克的"杰作"与毕加索的名作并排而挂。毕加索语带不屑地介绍："你们看看，这就是勃拉克画的东西。"

毕加索的言外之意就是："勃拉克的画算什么东西，怎么能跟我的画相提并论。"我们再仔细比较一下，毕加索前后态度的变化，他眯着眼睛，在勃拉克那幅失败作品前踱来踱去，大加赞赏的行为是不是太虚伪了呢？

在生活中，也经常会有人以这样夸张、不切实际的表演来迷惑我们。俗话说："害人之心不可有，防人之心不可无。"我们在人际交往时要以诚相待，但是也不能因此而让你的诚信成了他人利用的对象。所以，我们一定要利用"慧眼"看穿笑容背后的那把刀。一般来说，笑里藏刀的人有以下三个特征。

1. 神态表情有异样

我们千万不要以为那些笑里藏刀的人，就"整天低着头""不敢去正视别人的眼睛""目光萎缩隐藏"。其实，并不是这样，现在很多笑里藏刀的人脸皮已经厚到不会轻易心虚了。

但他们还是有一些特征的，主要表现在神态表情上面。比如，笑起来的时候，显得不够放松，举止轻浮，言语中有一些不检点的成分；眼光虽然看似真诚，但是却没有办法长期定位；他们所说的话都是经过大脑认真思考的，生怕一个不小心说错话。

2. 总喜欢与你保持一致

他们总是喜欢与你保持一致，因此常常自称跟你的经历出奇地“相似”，每当你说到一件事他就会附和说“我也是”，希望给你造成“同是天涯沦落人”的感觉，使你放松对他的防备。他处处总要跟你一致，比如，原本你们从内到外，都有着显而易见的差异，但他总是殷勤地说：“咱们相似得就像亲兄弟啊！”而他们在你面前的惯用口头禅就是：“我跟你一样……”

3. 总是表现得过分热心

他对你总是表现出过分的热情，总喜欢给你一些小甜头。当你遇到什么事情，他会主动提出帮助，但从没付诸实现过；他还会没有理由地拉拢你，依赖你，甚至自作主张地为你安排一些活动，喜欢说“咱们一起去……”表面听上去，他好像很热心，但实际上，这些话却不是发自内心的。

**心理小贴士**

在生活中，我们会经常碰到一些“笑里藏刀”的人，他们在平时跟你表现得很热心，实际上却是别有用心。而我们经常会被他们的外表所蒙骗，等到醒悟的时候，为时已晚。因此，我们要学会识人心，要善于看穿他们笑容背后藏着的“刀”，使自己能够及时地掌握好交际的主动权。

## 一个人的声气透露着什么心理

人的声音包含多种要素，而声调是很重要的要素之一，说话的声调即声和气的综合。通常来说，那些说话比较大的声音，具有某种权威性，可以让别人沉默下去；然而，有些小的声音有时更能发挥作用，这是因为人

们注意去听的缘故。当然，一个人声大声小都需要一些姿势辅助，这样效果才会更好。

总而言之，一个人的声气会透露他的“生气”。无论是在生活中、工作中，我们都可以从声气中识人，从对方的声气中辨别出对方此时此刻的情绪及性格特征。

1. 轻声小气说话的人

在与人交谈时，这种声气可以缩短人与人之间的感情距离，密切双方的关系。这是因为，轻声细气说话的人会常常表现出谦恭、谨慎与文雅，引起对方的好感。而且有时候，它还能避免一些可能会招致的麻烦。但如果用它来公开坚持意见、反驳别人或者维护正义和尊严，则是不可取的。

2. 和声细气说话的人

“和声细气”，这种声和气，宛若涓涓细流，由人的心底流出，轻松自然，和蔼亲切，不紧不慢，能给听者以舒适、细腻、亲密、友好、温馨的感觉。人们使用“和声细气”，常常是请求、询问、安慰、陈述意见的时候。和声细气地说话，可以展现出男性的文雅大度和女性的阴柔之美。若是“和声细气”说话的男人，他必定是厚道、宽容、胸襟开阔的；而若是“和声细气”说话的女人，她必定是温柔、善良、善解人意的。尤其是在抒发情感时，“和声细气”的运用，更具有一种迷人的魅力。

3. 高声大气说话的人

人们用“高声大气”来召唤、鼓动、强调和表达自己的激动心情。“高声大气”通常用来表示极度的欢喜或者慷慨激昂的情绪，也可以表现说话者的激情和粗犷豪放的性格。如《三国演义》中的张飞，他以粗犷、勇猛、爽直和坚贞的品质深深地吸引着读者。他说话声如洪钟，尤其是在长坂桥一役，为救赵云，张飞立马桥头，圆睁环眼，厉声大喝：“我乃燕人张翼德也，谁敢与我决一死战！”吼声如雷，将曹军部将惊得肝胆欲裂，倒于马下。曹操见此情景回马而走。

4. 唉声叹气说话的人

一般来说，经常唉声叹气的人心理承受能力较弱，自信心不强，缺乏勇气，一旦遭到失败，便灰心丧气，沮丧颓废，甚至从此一蹶不振。

孔子去齐国途中，听到一阵十分悲哀的哭声，于是对弟子说："这个哭声虽然很悲伤，但不是悼念死人的哀声。"随后，孔子下了车，问起他的名字，他说他叫丘吾子。孔子又问："这里不是悲哀的地方，你为什么哭得这么悲伤呢？"丘吾子长叹一声，回答说："我一生有三大过错，现在年老了才深深觉悟到，但追悔莫及，因此痛苦。"

孔子不明就里，便一再追问，丘吾子才说："我年少时爱好学习，周游天下，等回来时我的父母都死了，作为儿子竟不能为父母养老送终，这是第一过失；我做齐国臣子多年，齐君现在奢侈骄横，我多次劝谏都不被采纳，这是第二过失；我生平交友无数，不料到后来都绝交了，这是我第三大过失。树欲静而风不止，子欲养而亲不待。去而不回的，是时间；不能见到的，是父母。我是个大失败者，还有什么脸面活在这个世上？"说完，丘吾子投水而死。

一个人到了因悲伤而自杀的地步，他的哀情可想而知。而孔子正是从其"唉声叹气"的声气中识别出丘吾子的哭声不是为了死者，而是另有其他的原因，足可见孔子识人之能。

**心理小贴士**

其实，发声方法对音质有很大的影响。若以鼻子产生共鸣，声音则如泣如诉，就会给人傲慢的印象；而若以胸腔来产生共鸣的话，由于发声方法的改变会使声音变得丰富而强有力。此外，一个人说话的速度也影响到双方之间的交流。那些说话速度太快的人，会很容易给人似乎有某种急事或热心投入的印象，还会让对方感觉焦躁、混乱以及有些粗鲁。而那些说话缓慢的人，虽然给人深思熟虑、诚实的印象，但太慢也会变成犹豫不决或漫不经心，甚至还会表现出消极性的含义。

# 第3章　反常行为的心理分析：人到底有多少个面

生活中，我们在思考和做事时，都有一定的“常规”，比如，甜蜜的爱情更容易走入婚姻、睡觉时当然应该关灯、吃饱了就不会再吃、夫妻就应该睡一起……那么，为什么一些人会做出违背常理的行为呢？其实，这些反常行为的背后都有一定的心理原因，从心理角度分析这些行为，能帮助我们更好地了解人性的各个方面，也能帮助我们更好地应付生活中的一些心理问题。

## 好学生为什么会成“偷衣贼”

25岁的玲玲和家乡的几个姐妹一直在北京打工。最近，姐妹们都发现一个奇怪的现象：她们晾在阳台的内衣总是无故“走失”。出了几次这样的事后，大家决定要抓住这个变态小偷。经过几天的“蹲守”，她们终于抓住了这个“偷内衣贼”，但令她们感到吃惊的是，这个小偷居然是一名高中生。

她们将这名男生交给了警察，在警局，他交代了自己的“犯案经过”。原来，他是一个成绩优异的学生，一直都有规有矩地生活。有一次，他在网吧上网的时候，看到那些只穿内衣的女人觉得很好奇，然后，他就开始在一些网站上浏览黄色信息，再后来就一发而不可收拾了。逛街

的时候，他开始喜欢买女人的内衣用来观赏最后为了避开商店里的那些指指点点，他就只能用偷来满足自己对女性内衣的喜好和搜集，而这也使他的心理负担越来越重。

的确，生活中，我们每个人都有自己喜欢的物品，有些人喜欢新潮的衣服，有些人喜欢美食。单就衣物来说，每个人喜欢的风格也不一样，有些人喜欢流行时尚的，有些人喜欢甜美可爱的……但不管怎么样，无论我们喜欢什么，都不能怪他人的物品据为己有。如果这种占有的欲望超过了一定的限度，恐怕就会出现和本故事类似的情况。

这名高中生偏爱女生的内衣并采取偷窃的行为，心理学上称为“恋物癖”。

所谓恋物癖，指的是在强烈的性欲望与性兴奋的驱使下，反复收集异性使用的物品。所恋物品均为直接与异性身体接触的东西，如乳罩、内裤等，抚摸嗅闻这类物品伴以手淫，或在性交时由自己或要求性对象持此物品，可获得性满足（即所恋物体成为性刺激的重要来源或获得性满足的基本条件）。对刺激生殖器官的性器具的爱好不属恋物癖。恋物癖通常开始于青春期，多见于男性，这种癖好会引发患者不惜用非法手段（如偷窃、抢劫等）去获取异性的物品（如异性内衣、丝袜、手帕等）。恋物癖的对象有狭义和广义两种。狭义的主要指通过接触异性穿戴和使用的服装、饰品来唤起性的兴奋，获得性的满足。广义的恋物癖所恋的对象不仅包括异性穿戴的那些无生命的物品，而且还包括异性身体的某一部分。通过接触身体的某一部位获得性满足，恋物癖者以男性为多。他们对异性本身或异性的性器官没有兴趣，而把兴趣集中在女性的内衣、内裤、乳罩、头巾、衣服或异性的头发、手、足、臀部等部位来取代正常的性活动以激起性兴奋，获得性满足，他们常常通过对这些物品抚摸、玩弄、吸吮、啮咬等方式激起性兴奋，同时伴以手淫来获得性满足。

案例中高中生之所以会对胸罩感兴趣，甚至去偷女性的胸罩，是因为

这个男孩正处于青春发育期，对性有着极大的兴趣，而又无法通过正常的渠道排解，压抑后便出现了这样的行为。恋物癖往往会影响正常性爱的质量，甚至使人对正常性爱不感兴趣，同时可能造成不良的社会认知，所以需要治疗。恋物癖是性心理幼稚的表现，是一种可以纠正的性心理障碍。年龄越小，纠正的难度越小。

对此，专家给出以下建议：

1. 接受及时正确的性教育

接受正确的性教育，能帮助人们正确认识两性生理和心理的差异，消除对异性的过分神秘感。

2. 避免不良的性刺激

作为父母，需要注意的是，不要让孩子看见夫妻亲密的行为和性生活，在男孩三岁后，不要和他们同床睡觉，不要在男孩面前穿着内衣，不要玩弄男孩的性器官。

3. 培养良好的性格

努力学习和工作，多参加集体活动，这有利于我们培养良好的个性品质，如开朗大方、勇敢自信等。

4. 减轻压力

任何人，都有一定的承受压力的能力，但如果压力过大，不进行排解的话，就会引发一些情绪问题。因此，无论你的学习和工作压力有多大，你都应该找到属于自己的排解压力的方法。

**心理小贴士**

恋物癖是一种性偏好障碍，该疾病的成因很复杂，多和个人的成长经历、家庭、社会文化环境、压力、性教育不当等有关。如果要克服这种恋物情结，我们必须建立理性的生活态度，树立正确的人生观，积极投身学习、工作和社交活动，充分发掘自己的潜能，争取实现自我，寻找更高层次的心理满足。

# 为什么有些男人婚后还和母亲睡

阿壮今年29岁，月薪上万元，今年又刚结婚，妻子美丽动人，在北京有一套一百平方米的住房，在外人看来，他的生活很幸福。但是，别人永远也不知道阿壮的痛苦。他的内心一直很不安，因为他发现，尽管自己新婚，但他却不喜欢与妻子同床而眠。相反，只有回母亲所在的老房子，晚上与母亲一起进入梦乡的时刻才是最幸福的。

刚开始，妻子单纯地认为，这是阿壮孝顺母亲、母子关系好的表现。但一个星期七天的时间，阿壮有五天会在母亲那里睡，这让妻子很生气，久而久之，妻子离开了他，而这并没有让阿壮感到沮丧，他反而认为自己有更多的时间可以陪母亲了。

后来，阿壮找到了心理医生。他说，在他小的时候，父亲工作很忙，自己由母亲一手带大，晚上也是和母亲一起睡觉。现在即使长大了，却还是希望和母亲一起生活，也只有枕着母亲的胳膊睡觉才会安心。

这里，阿壮为什么会有这样的行为呢？

其实，这涉及心理学上的一个现象：俄狄浦斯情结。

俄狄浦斯情结又称恋母情结，是精神分析学的术语。精神分析学的创始人弗洛伊德认为，儿童在性发展的对象选择时期，开始向外界寻求性对象。对于幼儿，这个对象首先是双亲，男孩以母亲为选择对象而女孩则常以父亲为选择对象。小孩作出如此的选择，一方面是由于自身的“性本能”，同时也是由于双亲的刺激加强了这种倾向，也就是由于母亲偏爱儿子和父亲偏爱女儿促成的。在此情形之下，男孩早就对他的母亲发生了一种特殊的柔情，视母亲为自己的所有物，而把父亲看成是争得此所有物的敌人，并想取代父亲在父母心中的地位。

俄狄浦斯情结的说法，缘自古希腊，是一个弑父恋母的故事。

古老的希腊传奇里，有这么一个预言：底比斯王的新生儿俄狄浦斯，

有一天将会杀死他的父亲而与他的母亲结婚。底比斯王对这个预言感到震惊万分，于是下令把婴儿丢弃在山上，想让他饿死。但是有个流浪人发现了他，把他送给邻国的主和后当儿子。

俄狄浦斯并不知道自己真正的父母是谁。长大以后，他创下许多英雄事迹，从而赢得伊俄卡斯忒女王为妻。不久，有场可怕的瘟疫降临底比斯，然后他才知道自己曾经杀死自己的父亲——那是很久以前死在他手下的一个旅行者。他也发现原来与他共事王位的女人是他的亲生母亲。预言实现了。俄狄浦斯王羞怒不已，他弄瞎了双眼，离开底比斯，独自流浪去了。

这是俄狄浦斯王故事的大略。弗洛伊德认为它是各种心理症的基本故事，也就是俄狄浦斯情结。通俗地说，它指的是男性的一种心理倾向，就是无论到什么年纪，总是服从和依恋母亲，在心理上很难断乳。

一般人不知道自己的身上有这种感觉。他的意识很小心地避免认知这些感觉，当这些感觉出现时，它们都早已被伪装过了。但还是有一部分人因为种种原因没有安全度过俄狄浦斯期，一直固结在那里，长大后这种乱伦的情结还保持着，而且成为自己内心矛盾冲突的主要部分，这种介于想要和不想要之间的挣扎就会造成心理问题。

为了避免出现这种过于依赖母亲，或者是过于仰赖别人力量的心理，男性需要作一些预防。

首先，开放自己的内心，找出自己的闪光点。

任何一个男性，如果能肯定自己，他的心理和生理就能得到成长，就能摆脱依赖。

其次，找到适合自己的爱情。

最后，建立理性的生活态度。

你只有发觉自己的潜能，找到自己的人生价值，在不断的磨炼中砥砺自己的人格，才能真正成为一个男子汉。

心理小贴士

恋母情结不是什么道德问题，而是男性的一种正常心理。因为在社会中，男性相对于女性来说承担了更多的压力，内心难免有某些恐惧和焦虑，可是他们多半都不愿意将这些压力与人分享。但同时，他们也有渴望被疼爱的心理需求，他不想承认自己已经成为一个需要负担社会责任的角色，而渴望回到童年——一个不用思虑太多、痛苦太多的时代。这个时候，母亲的怀抱就成了一个很好的栖息地。

## 恐怖片的魔力究竟在哪里

宁宁是个文弱的女孩，最近，她被一家杂志社录用，在填写个资料时，秘书小姐看到她在爱好一栏写了“看恐怖片”时吓了一跳，一个这么柔弱的女孩怎么会有这么特殊的爱好呢？

宁宁告诉秘书，从上学时，她就有这个爱好了，尤其是在考试前，她都会看着恐怖片入睡。而她看过的最震撼的恐怖片还是《午夜凶铃》——它曾以总收益3100万港币成为1999年中国香港最高票房电影。

其实，不仅是宁宁，现代社会中的很多人对恐怖片都有种难以抵抗的情结——它既让人望而却步又让人欲罢不能。可能你在看恐怖片的时候有这样的行为：抱着枕头或者其他东西，看到惊险或者血腥的场面时，你会惊叫、害怕，但同时你的眼睛还是会盯着电视屏幕。

那么，为什么恐怖片会有这么大的魔力呢？

因为人们在看恐怖片的时候，内心的情绪是压抑的、紧张的，而在观看完之后，心情就会突然放松了。这是为什么呢？因为它会让人产生一种劫后余生的感觉。无论该片有多么血腥和暴力，无论结局怎样，我们在日常生活中的种种不快与压抑的情绪都会得到宣泄。

也就是说，恐怖片的魔力就在于它是帮助人们减压。也许这正如人们

说的“看恐怖电影最快乐的时刻，也就是最恐惧的时刻。”

那么，从心理学上说，恐怖片是通过怎样的心理暗示让观众感到心惊胆战的呢？

因为恐怖片中常常会出现黑暗、孤独、巨大的噪音等一些场景，而这些场景就是让我们产生恐惧心理的原因。

现在来假设一下，你被关进一个没有门窗的房间，里面漆黑一片，你会害怕吗？当然会！一个再坚强的人在黑暗之中也会产生恐惧心理。因为处于黑暗之中，我们就失去了对自己和外界的掌控，我们会产生死亡的忧虑。

另外，孤独也会让我们感到恐惧。当处于孤独之中时，我们会逐渐质疑自己生存的意义。同样，一些比较特别的生存环境如火山、冰川、高楼、沙漠、丛林和腐烂的事物如尸体等，更会让我们产生惧怕感。

再者，巨大的噪音也会刺激到我们的听觉系统，让我们产生恐惧，这就是为什么恐怖片中的音效总是与一般影片不同之处。

另外，在我们的潜意识里，也会对那些不常见的物体如蛇、血液、呕吐物等产生排斥。

其实，不难发现，这些场景在生活中都是不常见的。从心理学的角度来讲，恐惧是一种有机体企图摆脱、逃避某种情景而又无能为力的情绪体验。

当我们找到了恐怖片的魔力之后，我们会产生另外一个疑问，遇到恐惧的问题，我们怎么做呢？

的确，遇到问题，我们也会产生一些害怕的心理，但如果我们任其发展，那么，它就会影响到我们的生活、学习和工作，这就得不偿失了。很多时候，我们正是因为不必要的恐惧而对力所能及的事情望而却步。

因此，面对恐惧，请拿出看恐怖片的精神吧，具体来说，你需要做到：

首先，学会客观地评价自己，认识到自己的能力和潜力。

一般情况下，每个人都是根据他人对自己的评价和通过自己与他人比

较来认识自己的长处和短处的。有的人，在与他人比较的过程中，多习惯用自己的短处与他人的长处相比较。结果，越比较越觉得自己不如人，越比较越泄气。他们只看到自己的不足，而忽视自己的长处，久而久之就会产生自卑感。

诚然，我们不能高估自己，但我们也不必要妄自菲薄，当我们面对自认为无法完成的事情时，我们的能力可能暂时不够，但我们可以借助别人的力量来完成。

而在潜力上，我们更要学会培养自己和挖掘自己。即使你遇到的是你从未涉猎的领域，也请不要泄气，要尝试着去适应，连看都没看过的东西，我们又怎么能够要求自己在此领域有所建树呢?

其次，告诉自己“我能行”。

一个人的“认为”，就是心里对自己说的话，说自己不行的人，爱给自己说丧气话，遇到困难和挫折，他们总是为自己寻找退却的借口，这些话正是自己打败自己的最强有力的武器。说自己行的人，在积极心态的支配下，不论遇上什么困难和挫折，都能坚持到底，永不放弃。

**心理小贴士**

生活中，我们总有数不清的畏惧，如果我们选择了退缩和逃避，那么我们最终会离人生的正确道路越来越远。所以，我们一定要找到那个勇敢的自己，告诉自己“我一定行”。

# 为什么有些人不敢关灯睡觉

奇奇18岁了，刚上大学的他和同学相处融洽，但就是有一点，他晚上睡觉不敢关灯，到了熄灯时间，他只好自己打开手电筒。就这样，他打扰了室友们的休息，以致他不得不回家住。父亲意识到儿子的睡眠障

碍需要调整，于是，他强制儿子晚上去地下室，谁知道，奇奇竟然昏倒在地下室。

后来，父亲不得不带儿子去看心理医生，在医生的鼓励下，奇奇说出了自己的心里话。原来，在他很小的时候，有一次，他和邻居家小朋友一起玩，对方给他讲了一个鬼故事。这个故事说的是一个巨人专门吃十岁以下的小孩子的心，还会喝他们的血，挖他们的眼。听完故事后他满怀恐惧蹒跚回家。

过了几天，他和几个小伙伴从游戏厅回来后各自回家，在经过一条没有灯的巷子时，他发现一直有个巨大的身影跟着自己，他吓出一身冷汗，还没走出巷子，就已经晕倒了。醒来时，他已经在家了，他问父亲："我的心还在不在？"当时，他的父亲没有留意孩子为什么会这样问，只觉得好笑。

再后来，他听说某家住宅的地下室，一对男女做了丑事，被人发现，结果女的羞愤自杀。不道德的行为和罪恶的感觉以及黑暗、地下室连在一起，使他产生了对黑暗的恐惧。

故事中的奇奇之所以不敢关灯睡觉，其实是因为他患了开灯睡眠癖。开灯睡眠癖是指在夜晚睡觉时必须开灯，且在睡眠状态下也不能熄灯，造成对灯光依赖的一种不良心理嗜好。

开灯睡眠癖其病理实质是对黑暗的恐惧。这种对黑暗的恐惧大半是从幼年期开始的。因为在此期间，儿童们最爱听有关鬼、神的故事。而通常来说，这类故事的背景、内容及人物的出现，又常常是在晚间或平常人所看不到的黑暗中，以显示神秘性。

久而久之，在孩子们幼小的心里，便形成了一种心理定式，那就是妖魔鬼怪都是出现在黑暗中的，就形成了对灯光的依赖，导致不敢关灯睡觉，这是开灯睡眠癖的一个主要原因。其次，在某一黑暗的情境中意外遭遇到可怕的事情，或在黑夜做了一个噩梦，这些恐怖的经历未能及时排遗，也可能造成对黑暗的恐惧。

那么，对开灯睡眠癖该怎么矫治呢？

1. 可采用认知领悟疗法

对患者进行辩证唯物主义和无神论的教育，从而让他认识到世界上是不存在所谓的妖魔鬼怪的，所谓的妖魔鬼怪不过是神话而已。

以上例中的故事来说，其实可以告诉他，他在黑暗的巷子里遇到的巨大的身影并不是鬼怪，而是人的影子得到了放大的结果。另外，我们可以帮助他重新上演当天晚上的情景，从而帮助他从潜意识里逐步消除恐惧。

2. 系统脱敏疗法

根据患者对黑暗的恐惧程度，建立一个恐怖等级表，然后按照从轻到重的顺序，依次进行系统脱敏训练，不断强化，直到能关灯睡眠为止。

例如，对上例患者，先由数人一起关灯谈话，到数人一起关灯静坐，再到二人一起关灯睡觉、再到一人关灯静坐……最后一人关灯睡觉。

**心理小贴士**

开灯睡觉，很多人认为这只是个很平常的生活习惯，但是如果有人晚上睡觉必须一直开灯才可以，就是心理疾病了，即开灯睡眠癖。

# 为什么一些人越贵的东西越喜欢

有一次，一位销售经理找一个抱怨产品不好卖的销售员谈话。其间销售经理来到外面，捡了一块很普通的石头，对销售员说："你告诉我这块石头的价钱是多少？"

销售员看了看说："顶多几毛钱。"

销售经理笑了笑说："我可以让它卖到5万元。"

销售员惊讶地问："怎么可能呢？"

销售经理说：“如果你按着我教你的方法去卖，一定能够卖得到。”

第二天，销售员拿着那块普普通通的石头来到了菜市场，把石头摆在当地，一开始，没人关注，过了一会儿，人们觉得好奇慢慢地围了过来。按照经理的嘱咐，销售员只告诉他们，这块石头要卖50元钱。令销售员没有想到的是，就在下午准备收摊的时候，竟然真有人出50元买那块石头。当然经理叮嘱过，不能卖。

第三天，销售员把这块石头拿到黄金市场，要价500元，最后竟然也有人出价要买。最后，销售员还是没卖。到了第四天的时候，销售员把这块石头拿到了珠宝市场，刚一打开就被蜂拥而至的人给包围了。因为连续两天，大家伙都觉得这是一块稀世珍宝，竟然真有人出价5万元想要买销售员手里的这块石头。

销售员卖掉石头后来找经理。经理说：“其实商品能不能卖出去，能不能卖上好价钱，关键看你怎么去卖，敢不敢高价去卖。”

为什么一颗小小的石头能卖到5万元？为什么会有这样的现象？美国经济学家凡勃伦提出：商品价格定得越高越能畅销。它是指消费者对一种商品需求的程度因其标价较高而不是较低而增加，它反映了人们进行挥霍性消费的心理愿望。这就是著名的凡勃伦效应。

其实这种效应在生活中到处都是：款式、皮质差不多的一双皮鞋，在普通的鞋店卖80元，进入大商场的柜台，就要卖到几百元，却总有人愿意买。1. 66万元的眼镜架、6. 88万元的纪念表、168万元的顶级钢琴，这些近乎“天价”的商品，往往也能在市场上走俏。

这种消费并不仅仅是为了获得直接的物质满足与享受，而在更大程度上是为了获得一种社会心理上的满足。由于某些商品对别人具有炫耀性的效果，如购买高级轿车显示地位的高贵，收集名画显示雅致的爱好等，这类商品的价格定得越高，需求者反而越愿意购买，因为只有商品高价，才能显示出购买者的富有和地位。如今这种消费随着社会发展有增长的趋势。

由于消费者想要通过使用价格高昂、优质的产品来引人注目，具有一定的炫耀性，因而这种现象又被称为“炫耀性消费”。所谓“炫耀”是就人际关系而言的，也就是对别人炫耀，生怕别人不知道。当然，人的炫耀不一样，有人炫耀权势，有人炫耀地位，有人炫耀才学，有人炫耀金钱。

随着社会经济的发展，人们的消费会随着收入的增加，而逐步由追求数量和质量过渡到追求品位格调。只要消费者有能力进行这种感性的购买，凡勃伦效应就会出现。

了解了凡勃伦效应后，我们若想做个理性的消费者，就需要做到：

第一，不要盲目追求品牌，也不要总认为“便宜没好货”。

第二，关注产品本身的质量，要相信自己的判断，不要盲目地认为贵的就是好的。

做到以上两点，你才不会成为被商家宰的“冤大头”。

**心理小贴士**

凡勃伦效应指的是存在于消费者身上的一种商品价格越高反而越愿意购买的消费倾向。

# 他们的爱情那么浪漫，为什么还分手了

小燕和阿飞是大学同学，他们同时就读于艺术系。小燕的家庭环境比较好，从小被父母捧在手心里，而阿飞则来自于农村，父母都是农民，但这并没有让他觉得自己不如人，相反，他用自信和细心打动了小燕。

阿飞很善于制造浪漫，在读大二的一个晚上，他用一个多星期的生活费买了漂亮的玫瑰花和蜡烛，在小燕的宿舍楼底下摆成了“I LOVE YOU”，然后深情地对楼上的小燕唱《对面的女孩看过来》，接着就是一番表白。这样的爱情攻势小燕哪里能抵挡得住，当天晚上，小燕就答应了

阿飞的约会。

时间总是过得那么快，他们毕业了。他们在上海租起了房子，需要为柴米油盐担忧。阿飞再也没有精力去制造浪漫了，而小燕则还是和以前一样疯，还是希望阿飞能经常给自己制造浪漫。她开始抱怨阿飞不爱她了，阿飞也只是淡淡地回答："你多想了。"后来，小燕喜欢上了上海的夜生活，她总是醉醺醺地回家，再后来，她开始夜不归宿。阿飞明白，即使自己再爱小燕，他们也回不到从前了。

毕业后半年，小燕离开阿飞去了北京，而阿飞则留在了上海，过着他平淡的生活。

其实，无论是男孩还是女孩，都希望自己的爱情是浪漫的。正如故事中的阿飞和小燕一样，在没有现实生活的压力下，他们的浪漫爱情看来那么甜蜜。但任何爱情如果经不住柴米油盐的考验，总会夭折。因此，我们常常听人们说"越是浪漫的爱情，越是死得快"。

在恋爱中，浪漫确实能让人们更真切地感受到对方对自己的爱，但浪漫是需要代价的，首先需要我们考虑的就是现实的因素。制造浪漫一定要以现实生活为前提，吃不饱穿不暖的情况下又何来浪漫？有句名言说"浪漫就是慢慢地浪费"，不得不承认的是，大多数浪漫爱情的背后，都隐藏着高昂的经济成本。故事中的小燕想要的浪漫其实已经让阿飞无力承担了，这也是导致他们走向不同的人生轨迹的原因之一。

也就是说，在基本生活得到保障的前提下，偶尔制造一下浪漫，可以调节爱情与婚姻生活，让枯燥的生活增添一些色彩，让你的爱人更爱你。但如果你不考虑双方的生活情况，希望每天的生活中都充满惊喜，那么，你就太贪心了。

在很多人眼里，所谓的浪漫就是要和高贵的服装、精美的食品以及重金打造的约会氛围相关联，而实际上，这是一种错误的想法。浪漫是一种情感，而不是一种硬性规定，当你能赋予它属于自己的含义时，你就明白了什么是真正的浪漫。比如，对于一对婚龄很长的夫妇来说，偶尔的一封情书就是浪漫，餐桌上互相夹菜也是浪漫，甚至相拥而睡时的一句晚安都是一种浪漫。

因此，我们可以说，刻意追求浪漫的爱情是不能长久的。任何爱情，只有经得起平淡的流年，经得起时间的考验，才能最终修成正果，愈久弥香。

**心理小贴士**

爱情与婚姻中，无论是男人还是女人，都希望自己的伴侣能为自己制造浪漫。诚然，浪漫能调节枯燥的生活，让爱情富有新鲜感，但一味地苛求浪漫，会让对方产生负重感。因此，对待浪漫，我们最好抱着“把它当奢侈品”的态度，不可强求。

# 吃东西也会上瘾吗

生活中，我们每个人都需要吃饭，以维持正常的生理需要，这就是人们常说的“人是铁，饭是钢”。然而，如果我们不加节制地饮食，那么，就有可能危及我们的身心健康。的确，就是有这样一些人，他们似乎无法控制自己而暴饮暴食，感觉自己好像无法停止吃的动作似的，总要吃到自己受不了了为止，其实，这些人之所以会有吃东西上瘾的表现，是因为他们患了暴食症。

欣欣今年20岁，刚上大三，中学阶段的欣欣曾经被全班同学公认班花，但如今的欣欣却成了人家背后笑话的“小胖妹”，到底是怎么回事呢？

上大一那年，欣欣喜欢上了班上的才子天鸿，他总是在欣欣面前高谈阔论，让欣欣崇拜不已，两人很快坠入了情网。

然而，就在大一暑假结束后，欣欣发现，天鸿居然和隔壁班的美女晴晴好了，这让欣欣很痛苦。她发现，无论是身材还是面貌，晴晴都比自己好很多，于是欣欣暗暗下决心，一定要减肥，只要自己能更瘦一点，一定能重新赢回天鸿的心。

可是，每天只是吃一点蔬菜和水果实在太难熬了。不久，欣欣发现了一种既可以吃到美食又不会长胖的方法——吃完后扣喉，那么，吃下去的东西就不会到食道消化，刚开始虽然有点难受，但她很快就习惯了这种饮食方法。但是令欣欣没有想到的是，由于有吃不胖的心理，她吃得越来越多，每天她都会买各种零食放在身边，她的嘴根本无法停止。

现在，欣欣也由以前的一百斤变成了一百六十斤，她每次扣喉都很痛苦，有时候还会导致胃出血，但欣欣就是控制不住自己。

故事中的欣欣之所以会无法控制饮食，就是因为她患了暴食症，这种饮食障碍多半会发生在二十多岁的爱美的女孩身上。

暴食症在医学上属于进食障碍的一种，被称为“神经性贪食症”，神经性贪食症是这样被定义的：是指不可控制地多食、暴食。暴食症是一种饮食行为障碍的疾病。患者极度怕胖，对自我之评价常受身材及体重变化而影响。经常在深夜、独处或无聊、沮丧和愤怒之情境下，引发暴食行为，无法自制到腹胀难受才罢休，暴食后虽暂时得到满足，但随之而来的罪恶感、自责及失控之焦虑感又促使其利用不当方式（如催吐、滥用泻剂、利尿剂、节食或过度剧烈运动）来清除已吃进之食物。

那么，暴食症如何治疗呢?

治疗暴食症不像治疗感冒一样吃个药过一段时间就好了。它像戒酒一样，需要持续地努力与警觉。

第一，建立正确的饮食及体重认知之观念；

第二，要求患者填饮食日志包括进食内容、地点及情境，以了解饮食形态和暴食情形；

第三，养成三正餐定时定量之习惯；

第四，准备低热量的食物以取代高热量食物；

第五，避免患者独自进食且进食时不做其他事情如看电视，最后可利用其他方法转移非进食时间想吃东西的欲望，如运动、聊天等。

当然，如果暴食症不是很严重，可以试着自我调整，如多调整自己的不快情绪，多放松自己的心理压力等，这对暴食症的调整会有很大的帮助。

下面是专家的一些建议：

（1）作为家人、朋友，应该对患者给予关爱，给予理解与帮助。当得到家人、朋友的鼓励支持时，精神力量会很强大。

（2）找些支持你的朋友一起活动，他们能帮助你消磨时间。

（3）从心里必须明白，暴食症和减肥，必须明白先后顺序，先解决暴食再谈减肥。

（4）特别是在新的环境下，人对食物的欲望会小点，有条件的可以试试更换一个环境。

（5）减肥，治疗都需要一个目标，那是精神的寄托。指定一个目标很有必要。比如，今天表现很棒，给自己增加一面小红旗、一朵小红花，并刺激自己继续努力下去。

（6）打分法。

吃到八分饱，正是那种食欲最旺盛的时候被满足的感觉，快感打10分；

你吃到十分饱时，就基本没有什么欲望了，快感只有8分；

你吃了12分饱时，有点腻了，快感打2分；

你吃了15分饱时，真腻，快感打0分；

你吃到20分饱时，基本只有痛苦和变态的心理，快感打-10分了。

（7）如果确实忍不了，那只好选择一些低糖低油的或者是无糖型的食物。

**心理小贴士**

暴食症患者往往低自尊，所以一有压力，他很容易感受到焦虑，进而就会习惯用食物来发泄。而无节制的饮食又会让他们无法控制自己的体型，进而陷入到一种情绪的恶性循环中。所以，要治疗暴食症，提升个体的自尊是一个根本的工作，但这也是最难的部分。

# “鬼压床”真的是灵异事件吗

这天早上，小樱心有余悸地走进办公室，对同事们说：“不得了了，我快死了。”

“瞎说什么，你不是好好地站在这儿吗？”

“我觉得自己好像得了怪病，昨天晚上，我清晰地感觉到自己好像醒了，但却不能动弹，我想叫醒旁边睡着的老公，但我却开不了口。我告诉自己，一定要醒过来，醒不过来就要死了，直到今天早上，我才被老公喊醒，我的手脚也能活动。我打算今天去医院看看，哎，吓死我了。”小樱很激动地说。

这时，办公室的李大姐告诉小樱：“这是鬼压床，我以前也有过，去庙里烧点香吧，也许你沾了什么不干净的东西。”

生活中，可能很多人都和小樱一样经历过“鬼压床”，这种现象给很多人带来了心理恐惧。那么，到底什么是“鬼压床”呢？“鬼压床”到底是灵异事件还是心理原因造成的呢？

鬼压床，指睡觉的时候突然有了知觉但是身体不能动，事实上是罹患了睡眠障碍的疾病。“鬼压床”的现象，在睡眠神经医学上是属于一种睡眠瘫痪的症状，患者在睡眠当时，呈现半醒半睡的情境，脑波是清醒的波幅，有些人还会伴有影像的幻觉，但全身肌肉张力降至最低。

“鬼压床”在午休和晚间睡眠时都可能发生。其实，这种情形跟鬼怪根本无关，在医学上有一个正规的学名叫睡眠瘫痪症。

睡眠瘫痪症通常发生在刚入睡或是将醒未醒时，患者觉得自己已醒过来，可以听见周遭的声音及看到周遭的影像，但是身体却动弹不得，也发不出声音来，有时还会伴有幻觉。多数人在这个时候会觉得恐慌，所幸多半在几分钟内会慢慢地或突然地恢复肢体的动作。发作当时的恐慌感觉，使很多人在醒来之后会觉得害怕，认为是被什么不明物体压制所造成，所以才会有“鬼压床”的说法。

科学家已经确定此种症状与生活压力有关，多发于年轻人。此类人群通常生活压力过大，作息时间不规律，经常有熬夜、失眠以及焦虑等现象，这些都可能是造成睡眠瘫痪症的原因。

此外，发作性睡病的患者，常发生“鬼压床”的状况。这是一种病因不清的综合征，其特点是伴有异常的睡眠倾向，包括白天过度嗜睡，夜间睡眠不安和病理性REM睡眠。这种原因不明的睡眠障碍，主要表现为长期的警醒程度减退和发作性的不可抗拒的睡眠。大多数患者伴有一种或数种其他症状，包括猝倒症、睡瘫症和入睡性幻觉，故又称为发作性睡眠四联症。

如果你出现了睡眠瘫痪的症状，可以通过以下方式快速恢复你的肌肉张力：

首先快速转动你的眼球，让眼球做圆周运动，让它们上下左右地运动。然后，眨眼，收缩你嘴周围的肌肉，移动你的下颚和舌头，当肌肉张力开始出现时，移动你的脖子、肩、手、手指、腿、脚踝和脚趾，最后坐起来动动所有的肌肉。

为了避免出现“鬼压床”的情况，在睡觉时，你最好注意以下几点禁忌：

（1）忌临睡前饮食：如果临睡前吃东西，肠胃等又要忙碌起来，这样不仅加重了它们的负担，身体其他部分也无法得到良好休息，不但影响入

睡，还有损于健康。

（2）忌睡前用脑过度：临睡前做些较轻松的事，使脑子放松，这样便容易入睡。否则，大脑处于兴奋状态，即使躺在床上也难以入睡，时间长了，还容易失眠。

（3）忌睡前情绪激动：人的喜怒哀乐都容易引起神经中枢的兴奋或紊乱，使人难以入睡，甚至造成失眠症。

（4）忌睡前说话：因为说话容易使大脑兴奋，思想活跃，从而影响睡眠。

（5）忌睡前饮浓茶、喝咖啡：浓茶、咖啡属刺激性饮料，含有能使人精神处于亢奋状态的咖啡因等物质，睡前喝了易造成入睡困难。

（6）忌久卧不起：中医认为“久卧伤气”，睡眠太多会出现头昏无力，精神萎靡，食欲减退等症状。

（7）忌当风而睡：房间要保持空气流通，但不要让风直接吹到身上。时间长了，冷空气就会从毛细管侵入，引起感冒、风寒等疾病。

**心理小贴士**

据美国研究报告，有40%～50%的人，在一生当中至少会经历一次睡眠神经瘫痪（“鬼压床”），人数比例不算低，所以，当你遇到“鬼压床”后，大可不必焦虑不安，也不必去找所谓的高人解厄运。明白了睡眠的真相，自可心安理得，高枕无忧。

# 为什么爱情在逆境之中更炽热

一般来说，逆境中的爱情之火更为炽烈。因为在逆境中，彼此把对方当成了唯一的依靠，这样的感情会比平平淡淡的爱情来得炽烈，来得疯狂。中国古代有七仙女与董永的爱情神话；有三圣母私自偷偷下界与一介书生成亲，因此被压在山下，所以才有“宝莲灯”这样美丽的神话故事。

无论是在哪个朝代，能够被人称颂的爱情，大多都是在逆境中的爱情。那些逆境，或许是因为父母的反对，所以进行阻拦；或许是因为人鬼殊途；或许是因为世俗的不容忍；或许是因为彼此两家有过节。有时候，那些在逆境中的爱情可能并没有坚守到最后，但是那样惊世骇俗的爱情依然是人们最羡慕的爱情境界。

只有在逆境中，人们才会觉得爱情是伟大的。它可以让人冲破世俗的观念，以强大的支撑力去面对外界异样的眼光；它会让人不惜与养育自己、与自己有深厚感情的父母反目；它可以让人倾其所有地来拯救他们的爱情。在逆境中的两个人，因为共同承受着一切压力和抵触，所以他们的心靠得特别近，他们在逆境中学会“相濡以沫”，他们在逆境中互相鼓励。虽然有时候他们会觉得看不到未来，但是心中有爱就有希望。所以，在逆境中的爱情表现得更为炽烈。有时候，你的感情本来是平淡的，但是突然面临来自你父母的反对，会让你的爱情陷入逆境。虽然在一定程度上，会增加彼此的心理压力，但是你会发现在那种周围充满反对的声音里的爱情，会让你备加珍惜，也倍感炽烈。很多古今中外那些被人们传颂的爱情，无一不是在逆境中的爱情，如梁山伯与祝英台的爱情。

英台女扮男装，远去杭州求学。途中，邂逅了同去杭州求学的书生梁山伯，他们两人一见如故，相谈甚欢，在草桥亭上撮土为香，义结金兰。没过几天，二人就来到杭州城的万松书院，拜师入学。从此，同窗共读，形影不离。梁山伯与祝英台同窗三年，情深似海。英台深深地爱上了山伯，但山伯却始终不知道祝英台是一位女子，只是念及兄弟之情，并没有特别的感受。祝员外思念女儿了，就写信来催祝英台回家，英台只得急急忙忙回乡。临走的时候，两人依依不舍。在十八里相送途中，英台不断借物抚意，暗示爱情。山伯忠厚淳朴，看不透其中缘故。英台无奈之下，就谎称自己家中有个妹妹，品貌与自己非常相似，自己愿意替山伯做这个媒人。

可是到了提亲的日子，梁山伯因为家里贫穷，没有能够按约定的日期到达，等到山伯去祝家求婚时，才知道祝父已将英台许配给太守之子马文才。美满姻缘，已成沧影。于是两人楼台相会，泪眼相向，凄然而别。临别时，立下誓言：生不能同衾，死也要同穴！

后来梁山伯忧郁成疾，不久便身亡了。英台听说山伯的噩耗，誓以身殉。英台被迫出嫁的那天，绕道去梁山伯墓前祭奠，在祝英台哀恸感应下，风雨雷电大作，坟墓爆裂，英台翩然跃入坟中，墓复合拢，风停雨霁，彩虹高悬，梁祝化为蝴蝶，在人间蹁跹飞舞。

好一个“生不能同衾，死也要同穴”，梁山伯与祝英台的爱情真是感天动地，至今被人们所称颂。爱情越是在逆境之中，就越能绽放出耀眼的光彩来。比如，西方朱丽叶与罗密欧的旷世爱恋，他们同样是相爱在了充满反对的声音中，他们爱得如此炽烈，以致最后因为爱而双双殉情，成了最悲壮的爱情。

**心理小贴士**

有时候，平淡的爱情让人看不出它的伟大，因为它只是隐藏在一个眼神、一个动作、一句话里面，好像人们都忽视了它的存在。而当爱情一旦跨进了逆境中，人们就会用更多的行动和语言，来表现爱情。在逆境中的爱情，显得神圣而又伟大。

## 为什么太容易得到的东西不被珍惜

生活中人们都有这样的感受：如果是你辛辛苦苦赚来的钱，哪怕是一分钱，你在用的时候都会很谨慎；而如果是意外之财，是捡到的钱，你就会毫不犹豫地用掉它。这就是人们都知道的一个道理：太容易得到的东西，往往不被珍惜。很多时候都是这样，在人们所追寻的欲望中，他们常

常会认为得不到的永远是最好的，越是容易得到的往往越不去珍惜。感情也是一样的道理，人们对于那些太容易得到的感情，或是送上门来的感情，通常都是不屑一顾的，在他们看来，没有感受追寻的过程就得到的感情，往往是廉价的。

每个人总是想追求自己喜欢的那一位，而且他们觉得过程越辛苦就越难忘，越是不容易得到就越能挑起他们心中的渴望，所以他们总是在那若即若离的感觉中倍感痛苦，也倍感兴奋。如果是唾手可得的就会觉得不在乎，没有经过辛苦的过程，就连最后的结果也是不在乎的态度。就像是在电视或小说里面，男女主角动人的爱情总是经历了风风雨雨，坎坎坷坷，最后才会有圆满的结局一样。如果一开始就在一起了，又怎么会让你记忆深刻？如果爱情没有明显的阻碍，没有经历风浪又怎会感动人呢？没有在感情上经历挫折，太过顺利而得到的爱情，会让人觉得幸福是理所当然的，所以就不加以珍惜了。一个人在遭遇爱情的时候，你一定要记住“太容易得到的往往不被珍惜”这一条法则，所以，学一点欲擒故纵的技巧，适当地给自己放一个度，这样才会让人更加珍惜你。

一个长年喂养猴子的人，不是将食物好好地摆在那儿，而是费尽心思地将食物放在一个树洞里，使猴子很难吃到。正是因为把食物隐藏起来，猴子吃不到，它反而想尽了办法要去吃。猴子整天为了吃而琢磨，后来终于学会了用树枝把东西从树洞里掏出来。有人看见就觉得很奇怪，对养猴子的人说，你不该如此喂养猴子。

而养猴子的人却说，猴子对现成的食物是很没有胃口的。平时，你将食物摆在它的面前。它连看都懒得看，根本不会去吃。只有利用这种办法去喂它，让它很费劲地够着吃的，它才会去吃。

聪明的养猴人善于从日常生活中去发现道理，不能“好好”地喂养他们的动物，要让它觉得有点费劲，学会去自己够东西，只有经过努力得到的东西，才是好东西。人对于自己的感情也是一样，不费吹灰之力就得到

的爱情，往往是不被珍惜的。所以，就算对方也是你比较中意的人，那么也应适当地给他一些阻碍，不要轻易地把自己的心交给对方，要学会提升自己的价值，这样你才能在爱情里备受珍惜，赢得自己的爱情。

在日常生活中，遇见一个让你心动的人，而且他也对你怀有好感，这时候不要急于去表白自己的心迹，不要把自己陷于一个被动的境地。你的主动会让他觉得丧失了挑战的欲望，也会让他觉得这样的感情来得太顺利而不会加以珍惜，而你在爱情中就完全处于被动的境地了。在对方追求的过程中，学会适当给他一些阻碍，给他一些距离，给自己多一点矜持，激起他挑战的欲望，这样才会使你的爱情无往不胜。当你无所欲无所求地对某一个人好的时候，当你一门心思地爱着某一个人的时候，一定要记得：越容易得到的，越不会被珍惜。每个人的爱都不应该是廉价的，如果你一门心思地付出，换来的只是他的冷落，那你付出的爱对于他来说就是微不足道的。

**心理小贴士**

你在爱一个人的时候，也要留一点爱给自己。永远不要满腔热情地对一个不懂得珍惜你的人付出你的爱，你的一味付出只会让他觉得这是理所当然的。所以，为自己保留几分，给别人一点挑战力，也是为了激起他心中想战胜的欲望，提升自己的“价值”。要让人觉得你不是唾手可得的，这样不但能为自己的爱情增添一点激情，也能为自己的爱情增加一点甜蜜。

# 第4章　习惯嗜好的心理分析：我们为什么会痴迷

生活中，我们每个人都有自己的习惯和爱好，并且这些爱好是不尽相同的，有些人喜欢烟酒，有些人喜欢追星，有些人喜欢购物，有些人喜欢飙车……实际上，每一个人的嗜好背后，都隐藏着一定的心理秘密，揭开这一秘密，能让我们更全面地了解自己。我们需要注意的是，任何爱好都应该控制在一定的范围内，如果对爱好太过痴迷，则很有可能给我们的生活带来一定的负面影响。

## “追星族”追求的到底是什么

一个周六的晚上，蕾蕾在上网，蕾蕾妈妈洗完碗以后，突然来问蕾蕾：“你能帮我找找邓丽君的歌儿吗？”

“老妈，不是吧，那么老的歌儿你还听啊？”蕾蕾一副不屑的样子。

“妈妈那时候可是邓丽君的铁杆粉丝呢，我可不喜欢什么周杰伦的歌儿，听不惯！”

“原来妈妈以前也有偶像啊！”

“有倒是有，不过可不像你们现在的孩子这样追星。为了一张演唱会的门票，可以省吃俭用，甚至等个通宵也要买到票！”

“您怎么知道有人这样追星啊？我们班就有几个女孩子这样，不过我

可没那么疯狂！”

“我们单位好多年轻人也这样啊，还是我女儿理智啊！”

“但是妈妈，我们可以有偶像，可以追星吗？”

“什么事情都要有个度啊，你有偶像没错，但要看是什么偶像，你是为了学习他什么而把他当成偶像的。‘追星’要‘追’得有意义，不可盲目去做一些‘傻事’。就在2006年的时候，有位女士为了与刘德华拉近距离合影，不惜倾尽家产，最终导致家败人亡！这种追星的方式就不对嘛！”

“妈妈说得对，我喜欢周杰伦的歌儿，也是有原因的呀！周杰伦在领金曲奖‘年度最佳专辑’奖时曾说过一句：‘好好认真读书，好好听周杰伦的音乐’，杰伦的音乐以公益歌居多，如《梯田》《听妈妈的话》《外婆》《懦夫》等，几乎每张专辑都会有！”

“女儿说得也有道理啊……”

就这样，母女俩就偶像这一问题聊到深夜。

的确，随着时代的发展，物质生活水平的提高和价值观的多元化，很多人开始跟上“时尚”与“潮流”的步伐，纷纷把追逐时尚作为重要的生活内容，有些人甚至开始盲目地追星。这一点，在那些年轻人身上尤为明显。不难发现，现在的校园里，聊得最多的话题就是明星和偶像，很多年轻人因为追星已经逐渐变得疯狂起来，为那些明星偶像着迷起来，他们盲目地“随大流”，疯狂地收集明星资料、相片和唱片，这是是非常愚蠢的做法。这样既浪费钱财，又浪费时间。

那么，那些“追星族”到底有什么样的心理呢？

（1）慕拜心理。我们不难发现，追星族们所追的星，男的大多英俊潇洒、风流倜傥，扮演的也多是些义胆冲天、侠骨柔肠的铮铮铁汉；女的则羞花闭月、沉鱼落雁，扮演的也多是些娇媚可人、善良温柔的亭亭玉女；球星也都英姿勃勃、气质逼人，在赛场上更有翻云覆雨、左右全局之势。这些难免让那些少男少女们羡慕、迷恋、崇拜甚至疯狂。

（2）从众心理。在年轻人中，追星现象很普遍，势力也很大，以至本来没多大心情追星的人，为了不被看作“落伍”，也自觉不自觉地加入了。

（3）时尚心理。“追星”，在不少年轻人看来，就是件时髦的事，只要有“星”可“追”就足够了。

事实上，无论是谁，都需要一个目标，榜样的力量是无穷的。正如“没有星星，宇宙将漆黑一片”一样，年轻人需要榜样。偶像肯定是在某个领域获得巨大成功后才成为偶像的，英国一项研究表明：名人崇拜可能在个人成长过程中发挥着重要作用。研究人员认为，那些十几岁的追星族成员，通常能把他们的情绪调节得很好并且拥有较好人缘，这是因为对名人的兴趣，能在他们的成长和交际过程中产生积极影响。

但没目的地追星，还是会让自己的生活陷入无目的之中。因此，每一个年轻人在追星的过程中，都应该追得有意义，不可盲目去做一些“傻事”。如何说“追星”追得有意义呢？就是说在”追星“的同时，也去学习别人的那些高贵品质。许多明星之所以成名，是因为他们付出了许多心血和汗水。他们的人生道路并不是一帆风顺的，许多明星的品质都值得我们学习。如郑智化，他虽然是残疾人，但他身残志不残，毅然选择了自己所喜爱的事业——演艺。他靠坚强的意志，唱出了许多好听的歌，大家都熟悉的《水手》就足以证实。

此外，你还需要正确的审美趋向，了解什么是真正的美。培根说：“人一旦过于追求外在美，往往就放弃了内在美。”很多人之所以追星，完全是因为他们被明星俊美的外表所打动，于是，他们便开始刻意地模仿明星的穿着。而如果你能知道心灵美才是真的美，能树立真正的审美标准，那么，对待追星这一问题，你也就能理智得多。

**心理小贴士**

追星族就是追逐明星的一族人群，他们多数是年轻人，有着时尚流行的心态。其实，追星反映了一定的社会心态，任何人都不能盲目追星，而应该行动起来，为自己的目标奋斗，为自己的梦想努力！

# 为什么只有玩网络游戏才觉得畅快

最近，心理专家张老师接到一位家长的求助信，信的内容是这样的：

张老师：

您好！

我听学校的老师说您在教育孩子方面很有一套，您为很多家长解决了难题，很专业也很热心，我很感动，我们这些独生子女的父母真需要您这样的老师给我们指点迷津。

我儿子今年15岁，正在读寄宿初中，初中三年级了。他以前并不是这样的，记得小学的时候，他的学习成绩一直是班上前几名呢。在初一上学期之前，他性格也很活泼，但初一下学期突然回家不爱说话了，迷上了网游，后来一放学就自己待在屋里，不管什么时候都要关上门，作业也不做。他现在整天不上课，不是上网吧就是在宿舍里睡觉，父母、老师的话都听不进去，上个学期考试好几门不及格。除了上网玩游戏外他什么爱好也没有，我曾试着带他一起锻炼、郊游、摄影、逛书店，但他哪儿也不去，周末回家后就是睡觉。原来我们以为是青春期的表现，但已经快三年了，也不见好转，我都急死了，我还希望他能考上一个好的高中呢，我也不知道怎样才能改变他。您能告诉我怎么办吗？

想想这位家长，肯定心急如焚，张老师给他回了一封信。

现代社会，互联网已经盛行，互联网在给人们的生活带来方便的同时，

也给人们带来一定的毒害，尤其是对那些尚未成熟的青少年朋友。事实上，现在的孩子，学会上网的年纪越来越小。对于他们来说，上网玩游戏似乎已经成了每日必做的功课。上网无可厚非，但沉迷网游，肯定不是什么好事。

曾经有一个网上调查，很多青少年对网游的利弊看得相当透彻。然而，在近半数的人认为网吧影响了自己生活和学习的同时，还是有少部分的青少年觉得自己已经对网游产生了明显的依赖心理：如果几天不去网吧玩玩网游，心里就有惶惶然的感觉。或许对于他们来说，网游在他们生活中的位置恰如一首歌里唱的那样："你是一张无边无际的网，轻易就把我困在网中央。我越陷越深越迷茫，我越走越远越凄凉。"

那么，为什么网络游戏对于青少年朋友来说有这样大的吸引力呢？

对于青少年朋友来说，他们身心发展不成熟，好奇心强、缺乏自控力、认知能力不足、自我意识却又很强烈，他们还渴望独立自主、与人平等交往和合作，渴望获得尊重，而网络游戏恰恰迎合了他们的这一心理需求。网络游戏具有极强的现实性和互动性，在这样一个虚拟的世界里，青少年同样可以感受到与他人的合作和尊敬，升级游戏更让他们找到成就感。

面对对网络游戏已经成瘾的青少年朋友，帮助他戒掉网瘾应该针对不同情况具体分析，具体方法包括勤于沟通、转移注意力、进行心理卫生指导、行为上约束、及时就医等。

1. 勤于沟通

如果孩子沉迷网络游戏，家长可以采取家庭疗法。家长应该多与孩子沟通，这种沟通不是简单地过问学习成绩，而是把孩子当成朋友关注他们的感情世界，和他们一起探讨其感兴趣的话题。家长可以多带领孩子参与一些有益于成长的文体活动。

2. 帮助孩子转移注意力

调查发现，喜欢网络游戏的孩子都很聪明，而且动手能力强，但是长期下去却有可能导致他们的智力水平降低。这时必须转移他们对网络的注

意力，可以多搞一些科技活动，充分发挥他们的特长，循序渐进地把求知欲和好奇心引向健康轨道。

3. 适当地进行行为上的约束

对于上网成瘾的孩子千万不要强迫立即停止，也不能放任不管。应从约定上网的时间和次数开始，然后逐日递减。如果期间采取一定的奖励和惩罚措施，要注意及时兑现，否则就没有约束力了。

**心理小贴士**

网络的普及和网络游戏的迅猛发展在给人们带来惊喜的同时也引发了一系列的社会问题，其中，青少年网络游戏成瘾问题越来越受到人们的重视。其实，上网绝不是“洪水猛兽”，网络游戏也并不是不能玩，但凡事应有度，网络游戏中我们能寻求到的心理满足，现实生活同样能给予我们。

# “女强人”为什么那么喜欢工作

朱莉现在已经是家连锁餐饮企业的老板了，现在的她，每天大部分的时间都会花在工作上，大到餐厅的管理、运营，小到餐盘是否洗得干净，她都会亲自过问。每当她的父母问她工作累不累时，她都会干脆地回答“不累”，而实际上，令父母感到苦恼的是，女儿虽然事业有成，但个人问题一直没解决。每提到这个问题，朱莉就立即敷衍过去。

其实，六年前的朱莉只不过是一个餐厅的服务员。那时候的朱莉有个男朋友，他们是在餐厅认识的，朱莉的招牌笑容打动了他。然而，就在他们恋爱半年后，对方却移情别恋了。朱莉问他原因，对方的回答是：“我的父母不可能同意我和一个餐厅的服务员在一起。”朱莉顿时明白了，这就是现实。

自打那次起，朱莉暗暗下决心，一定要拥有自己的事业，这样就不会

让人瞧不起了。接下来，朱莉花了三年时间存钱，一年时间开餐厅，现在的朱莉，身边已经有不少追求者。但朱莉想，这些男人看上的大概是自己的事业和家产吧。于是，她便不断拒绝这些人，“恶性循环后”，她便把精力都放到了工作上。

生活中，恐怕有很多和朱莉一样的“女强人”，所谓“女强人”，是对专注事业并获得成就的女性的一种称呼。多少年来，女人的名字总是同弱者连在一起；在社会的心理位置上，只能算为“二等公民”。女人从来就是“附庸”“摆设”“小人”“奴隶”。因为在很长时间，女人都是以家庭为中心，没有自己的事业。现代社会，很多女性都已经开始走出家庭，和男人一样做出了一番属于自己的成就。然而，也有这样一些女人，她们花在工作上的时间和精力未免太多，她们甚至不顾家庭，不顾生活，只顾工作。那么，这些“女强人”为什么会那么喜欢工作，又为什么有那么大的野心呢?

根据马斯洛的需求层次理论，亦称“基本需求层次理论”，他把人的需求分为五种，这五种需求像阶梯一样从低到高，按层次逐级递升，分别为：生理上的需求，安全上的需求，情感和归属的需求，尊重的需求，自我实现的需求。而很明显，对于事业上的野心则属于自我实现的需求。现代社会中的人，都不可能只追求小康和温饱，更高层次的追求能让人们不断进步，让人们获得来自他人的尊重，获得社会的认同，而工作同样如此，它不仅能给人们带来物质生活，为人们日常的吃穿住行提供资金来源，它更是给人们提供了一个发挥价值的机会。对于那些工作上有所成就的人，他们获得的认同感也就更高，这就是为什么故事中的朱莉会选择自己创业，并誓言要有一番成就。

当然，很多“女强人”之所以喜欢工作，还有一个现实原因，那就是情感受挫。她们无法享受到一般女人的爱情，于是，她们把大把的时间花在工作上，而反过来，她们也会因为专注于事业而没有时间恋爱和关注家庭，于是，女强人便会越来越忙，越来越喜欢工作。

其实，我们不难发现，男人们多半都不喜欢自己的妻子或恋人是“女强人”，因为女强人会让他们有压力，而且男人天生保护欲强，女强人则激发不起他们的保护欲望。

因此，任何一个女人，如果希望爱情事业双丰收，都要学会把握平衡。一个女人，的确应该走自己的路，那样就不会成为男人的附属品。但积极的事业心并不与婚姻生活相违背，男人口中的“上得厅堂，下得厨房”就是这个意思。他们更希望自己的妻子是一个职业女性和家庭妇女的综合体。一个在外面交际广泛、工作能力强的女性，回到家里又能把丈夫、孩子照顾好的女人，男人都会爱的，也会尊重的，事业、爱情双丰收，才是每个女人的毕生所求！

**心理小贴士**

每一个女人，都应该热爱自己的工作，但对于工作和生活，还应懂得权衡。因为一个人的价值并不一定要完全体现在工作上，懂得享受生活的女人才最快乐。

# 飙车族都有什么样的心理

曾经有记者访问了被警察抓获的非法飙车的几名“车手”，他们因无证驾驶、参与非法飙车被警方处以治安拘留15天的处罚。

他们大概都二十来岁，有着差不多一致的装扮：人字拖、大敞口衣领，一头彩色头发，一身醒目的文身。此外，还有一脸满不在乎的神情。

其中一名车手说：“白天上班，晚上泡吧的日子烦透了。”因为受不了生活的平淡无趣，他一直想给自己找点刺激。刚开始，他是被朋友带着出去飙车的，在感受了速度带来的刺激感后，他开始对飙车产生了兴趣。因为经济原因，他只买得起摩托车，随后，他便在网上买了一辆越野摩托车，花了

5500元。他说："那种飞一般的感觉和正常行车完全是两码事。"

在与这几名"车手"的对话中，当记者问及为何会将飙车这种疯狂危险的游戏作为业余爱好时，他们的解释是：车子一开起来，危险不危险都抛在了脑后，那时候人就感觉不到自己的存在了。"不玩车的人没法理解那种感觉。"

现代社会，有个新兴的名词叫飙车族。所谓飙车族，是社会上对飙车的人的统称。他们把汽车当作宣泄的工具，经常相约某个时间，几个人一起，在宽敞的道路上踩下油门，追求"飞一样的感觉"。小"海归"、爱车一族、汽车改装店老板、明星等容易成为"飙车族"。近年来，飙车行为开始在国内一些大城市出现，电影《头文字D》中展现"汽车漂移一族"的飙车场景常常出现在现实生活中。北京出现过"二环十三郎"，这是一个群体的代名词，即车主用13分钟飙完北京整个二环路。在上海，一些高架道路由于路况较好，也成为飙车的主要场所。

"飙车族"多数都具备以下特征：

一是30岁以下的年轻人。"飙车族"基本由18岁到30岁的年轻人组成，但是他们并不都是经常参与飙车活动的，主要是因为爱好汽车而凑到一起，"整天玩命的都是那些20~23岁的，真正没有多少人，毕竟太危险，上点年纪就知道怕了。"

二是有过国外生活经历的小"海归"。他们在国外生活期间习惯了国外夜生活的方式，或多或少地参与过国外的地下赌车或者飙车活动，希望回国后继续追求这种刺激。

三是衣食无忧者。用他们的话说就是"有一定背景，一旦被抓多少能有点路子"。他们家中至少有两辆车以上，平时驾驶的车和玩的车不一样，用来改装的车基本不上路。这些人中包括汽车改装店老板及合伙人、私企老板或年轻白领、旺族的富家子弟甚至还有演艺和体育圈小有名气的明星。

四是爱车一族。很多人进入这个圈子一开始并非希望加入飙车的行列，而是因为他们爱车且喜欢张扬个性，在偶然的机会看到了别人的车与

众不同，从此加入了飙车一族。

轰鸣的引擎，追风的速度，沿途纷纷侧目的满足感，到底是不是这些吸引着这些年轻人迷上飙车？

心理专家认为，生和死交接的地方，可以体验一种死亡的恐惧。当人战胜这种恐惧的时候，心理的确得到了一种很大的满足。另外，在这种过程当中，不仅给自己刺激，而且，车辆经改装后发出的声音，包括速度，也同样会给周围的人带来很大的刺激，所以在这样的相互刺激当中，飙车族得到了一种很病态的心理满足。

据专家介绍，在20岁左右这一年龄段，正是心智走向成熟的重要阶段。飙车族觉得自己有能力，希望能够得到社会和周围人的认同，追求刺激，敢于冒险。由于他们还不够成熟，往往不懂得如何进行自我保护，所以才会涉入一些高危险的活动。另外，他们对社会的约束和规范，往往知之甚少或者重视不够，有的以挑战社会规则为乐趣。

这种病态心理，说白了就是和毒瘾、网瘾的心理需求是一样的，应当引起当事人和社会的重视。

**心理小贴士**

任何人都可以有自己的爱好，但如果把自己的爱好建立在对自己和他人的生命的威胁上，就应当引起重视。专家建议，如果要对这种行为进行有效制止的话，不仅要通过法律和社会舆论的监督，必要的情况下还要接受一些心理的干预。

## 韩剧对于女人的魅力到底在哪里

暑假马上要到了，爱看韩剧的小凌又可以疯狂追剧了。她最喜欢看《城市猎人》，每天看完更新的内容后，她都会在微博中更新自己的感

受，一提到剧中的男主角，她说："太帅，太有型了，真的很期待这部剧的结局。"

她还说："不看完更新的一集，就睡不着觉，并且更没有精神考试。"其实，不仅是小凌这样，她的室友们也是如此。这段时间，她们正在进行紧张的备考，可是由于新出的韩剧在考试前一天更新，就不得不抽出所剩无几的复习时间来看一集。

一项调查显示，青春偶像类的韩剧的收视群体中女性占到70%，其中30岁以下的占50%，像小凌这样的女大学生为韩剧最主要的收视群体。

女生们对"追剧"的疯狂，还表现在很多方面，最突出的是对男主角和男二号的讨论。有句话是这样说的：男主角是女主角爱的，男二号是留给观众爱的。有的女生常常为了男主角和男二号哪个和女主角更相配而争吵。随后，也有女生表示，这种争论确实没什么意义，我们也只是说出自己的观点罢了。

"追剧"的疯狂甚至带来了大学生一系列行为上的改变：如称呼上，叫男生"偶吧"（哥哥），叫老师或其他年长者"阿加西"（大叔）等；穿着打扮上也模仿韩剧，斜扎马尾，穿韩版服饰，短靴等。

的确，中国很多女人都喜欢追剧，其中，风潮最热的就要数韩剧，大多数女生对韩剧可谓到了迷恋的程度。不管是女大学生，还是高中生、初中生，都相当热衷韩剧的各种剧情。

很多人对这种热衷和疯狂表示不理解，更有一些人对韩剧中的各种情节进行了猛烈抨击。很多网友认为韩剧剧情千篇一律，女主角总是喜欢装可爱，男主角一定很有钱，而且最后男女主人公的爱情一定会经历死亡考验。他们不明白这样的剧情到底有什么可痴迷的呢?

其实，不仅是女生们爱看韩剧，家庭主妇和职业女性甚至是老年女性都对韩剧很痴迷。当然，她们追韩剧都有一定的心理原因。

少女爱看韩剧，是因为韩剧里有她的白马王子，哪个不比身边的男孩帅一百倍呢？英俊潇洒、温柔体贴，关键是，还多金，既家世显赫又才华横溢，满足了眼下女孩所有的择偶标准……

在韩剧里，家庭主妇们不用办公，男人远离家务，这么一比较，家庭主妇的心理便会均衡些。故此，从某种意义上说，韩剧有助于和谐家庭氛围，因为它麻木了女人的局部神经，令其不知不觉沉湎其中不得自拔，还带种福祉陶醉意。

对于职业女性来说，忙碌的工作之余，看看韩剧能让她们放松身心。韩剧就像一个耐心体贴的情人，心情不好时它会温情脉脉地守候在那里，这样贴心的眷顾，有几个女人能拒绝呢？

总体来说，现在很多女人喜欢看韩剧，最主要的是韩剧所表现出的伦理、情感和表达的方式更符合女性的心理需求，现实中的爱情总是很复杂，离不开金钱、权力这些因素，而韩剧的爱情故事很纯粹，男女主角总是可以为爱坚持，这很让人感动，也让我们继续相信爱情。然而，不得不承认的是，韩剧对女人也有一定的“毒害”作用。女人可以追剧，但不能沉浸在虚幻的电视剧中不能自拔，而应该走进真实的社会，参与社会生活，以正确的心态看待各种事物，包括韩剧。

**心理小贴士**

韩剧之所以让一些中国的女人着迷，一方面，公主王子的故事切合大多数女人的灰姑娘梦想，很多现实中的不可能，在电视剧中都能实现；另一方面，韩剧中的俊男美女吸引眼球，故事情节跌宕起伏，引人入胜。

## 赌徒的心理是怎样的

有一位叫娜娜的大二女生，从小被父母娇惯，上了大学后经常赌博，一共欠了3000元赌债。对没有经济收入的大学生来说，根本无力偿还这笔不小的

赌债，而且，她根本不敢把这件事情告诉父母。债主却接连不断地逼她还债，有一次债主见她还不能还债，就举着刀来威胁她，并向娜娜下了最后通牒，某日之前必须还清，否则要找人打她。她只好答应回家找父母要，可是她还是不敢。于是她铤而走险，在限期前一天的下午，来到舅妈家中，想用刀威胁舅妈拿出钱来，她用电工刀刺向毫无防备的舅妈，又杀气腾腾地用刀刺向年仅3岁的表妹，由于她舅妈拼命呼救，娜娜仓皇逃走，十余天后，娜娜被警察抓回。没有人相信，这个漂亮的小姑娘竟是因为赌博要伤害自己的亲人。

这一悲剧，告诉所有人，一定要远离赌博，赌博轻则危害身心健康，重则导致犯罪甚至丧失生命，是各种祸事的根源。

赌博是一种以一定的钱财作为赌注而进行的不正当的娱乐活动。赌博具有严重的社会危害性：一是败坏社会风气；二是影响生产、生活、学习，造成家庭不和，甚至倾家荡产，妻离子散；三是诱发各种违法犯罪，危害社会治安。

那么，对于赌徒来说，他们都有怎样的心理呢？看完下面的故事，我们就会有所了解。

有一个赌徒被捉赌的派出所民警当场捉到，从他身上仅搜出5元赌资，带到派出所后，民警问他："你身上才5块钱，能赌什么？"赌徒一听这么问就来劲地答："民警同志，这你就不懂了，你别小看了这5块钱，我可是想用它来买房子的。"民警听后觉得摸不着头脑，赌徒接着说："靠5块钱，中第一次，它就能变成200元；中第二次，它就能变成8000元；中第三次，它就能变成32万元，这样我就能到城里去买一套房子了。"

这就是赌徒心理，其实不仅存在于赌徒中，可以说每个人都或多或少拥有这样的心理。单从赌博来说，就是输了还想再把输掉的赢回来，赢了还想继续赢下去，使自己的占有欲得到进一步的满足，而且，单单赌博可以为自己带来一些利益的获取，这样就使得赌徒心理有了生长的环境。从大的方面来讲，人们在很多方面也经常利用或被利用了赌徒心理。

一个人一旦染上了赌博就会嗜赌为命，嗜赌成性，不想劳动，无心创业，结果田地荒芜，生意中断，事业夭折，甚至酿成人生悲剧和家庭不幸。我们看到的一些领导干部最后走上经济犯罪道路，多半也是由于赌徒心理在作祟：发现了算我倒霉，不发现则够我全家潇洒一辈子。于是，狠赌一把，玩命似的贪污、受贿。结果赌掉了乌纱，赌进了大牢，赌掉了性命。

抵制和拒绝参与赌博，必须做到如下几点：

（1）遵纪守法。违法往往从违纪开始，要自觉养成遵纪守法的良好习惯。

（2）充分认识赌博的危害，培养高尚的情操，多参加健康积极的文体活动，充实自己的业余活动，别因“无聊”而尝试赌博。

（3）要防微杜渐，分清娱乐和赌博的界限。很多赌博成瘾的人都是从“消遣”“派夜宵”“来烟”“带点刺激”等开始的，久而久之，胆子也壮了，胃口也大了，从而陷入赌博的泥潭。

（4）思想上要警惕，不要因为顾及朋友、同学的情面而参与赌博。遇到他人相邀，要设法推脱。

总之，任何人一旦染上赌博的恶习，也就为犯罪埋下了一颗不定时炸弹，轻则违反纪律，重则触犯法律，对自己、对他人、对家庭、对社会都将造成严重的危害。远离赌博，就远离了犯罪的一个重要诱发因素，才能拥有健康的人生！

**心理小贴士**

所谓赌徒心理，简单地说，就是输了还想再把输掉的赢回来，赢了还想继续赢下去，使自己的占有欲得到进一步的满足。

## 购物为什么能排解女人的不快

小李是个急性子，但是偏偏女朋友喜欢逛街，而且一逛就是好几个小

时。最让小李吃不消的是，女朋友好像对商品毫无抵抗力，只要看到喜欢的，她不管价格如何都会毫不犹豫地买下。

细心观察后的小李发现，女朋友最喜欢在情绪波动的时候逛街，心情不好的时候，她会用逛街来发泄；心情好的时候，她也会用逛街来庆祝。不过小李庆幸的是，女朋友很少找自己开口要钱买东西。

小李现在学聪明了，每次逛街时，他都不进商场，只在门口等，等女朋友出来时再为她提东西。不过小李倒也不孤单，每当他等女朋友时，看到门口一圈男人也和他一样时，心中不禁涌出白居易的名句“同是天涯沦落人”……

的确，在购物心理上，男人和女人是不同的，男人买东西通常都是直奔主题，看中合适的，直接掏钱买下来。而女士逛街则看心情，当她们心情不好时，购物是她们经常选择的发泄方式，而陪女人逛街，对于男性来说却是一种巨大的心理折磨。

一般情况下，多数女人都喜欢购物。逛街也无疑是很好的一种心理宣泄的方式。但也有一类女性，往往满载而归，却对自己的“战利品”很少满意，她们常常陷入一种不买难受买了后悔的矛盾中，这类女性常自嘲为购物狂。从心理学角度分析，购物狂和暴食症、偷窃癖一样，都属于冲动控制疾病范畴。疯狂购物的内在原因来自对商品的病态占有欲。

购物狂过度购物，内在根源也来自于外在压力。现代社会对女性的要求越来越多，不仅要貌美如花，拥有事业，还不能丢掉贤良温顺、相夫教子的传统美德，因此，女性面临很大的生活和工作压力，购物就成了她们宣泄压力和负面情绪的通道之一。

另外，作为女性下属没有能力控制自身的工作量，没有办法操控主管给自己带来的压力，或者生活中有很多身不由己的事情，让她们面临很大压力。

这种无助感让有些女性内心极其渴望能控制和把握一些东西，购物则很好地契合了这一需求。

专家称："当人无法控制自己的消费欲望，而是进入一种购物上瘾、强迫自己消费的状态时，这就不仅是一种过度消费了，而是一种病态购物症，在国外被广泛定义为'强迫性购物行为'。"需要及时接受指引和治疗。那么，如何辨别自己是否属于购物狂呢？又该如何防治这种心理疾病呢？

购物款的典型特征是：见到喜欢就买，买完了又后悔和自责，然而这种感觉转瞬即逝，旋即投入了下一轮购物战斗中。

"购物狂"分为缺乏自制力的冲动消费型、由嗜好变成沉溺上瘾的过度消费型、"耳根软"的被动消费型、减低空虚感觉的逃避消费型、只爱名店的崇尚名牌型、因贪便宜而大量购买的疯狂讲价型六种类型。

如果你是一个购物狂，那么，你需要进行以下心理调整：

（1）减轻压力是"购物狂"需要进行的第一步，只有认清压力的来源，寻找到适合自己的方法，才能够从根本上解决这个问题。

当女性发现自己有购物狂的购买冲动时，不妨尝试一下其他比较合理的压力宣泄的方式。宣泄的途径很多，性格外向的女性可以找个地方高声大叫；性格内向的女性可以把心中的不快写在纸上，寄给远方的朋友。

（2）行为主义的疗法，给购物者制订购物计划，尽量少带钱出门。并且对于较严重的人群建议与心理咨询师多沟通，可以和咨询师之间制订一个协议，完成一个阶段的协议再去制订下一个协议。购物者还可以选择结伴出行的方式，让身边的人督促自己合理消费。

**心理小贴士**

疯狂购物的内在原因来自对商品的病态占有欲，内在根源也来自于外在压力。事业的压力，工作的挑战，家庭的拖累，身不由己的种种，让购物成了女性宣泄压力和负面情绪的通道之一。从心理学角度分析，购物狂和暴食症、偷窃癖一样，属于冲动控制疾病范畴。专家称，"购物狂"其实是一种病态的消费心理，带有强迫症的色彩，需要及时接受指引和治疗。

# 第5章　心态情绪的心理分析：为什么心会有那么多反应

生活中，我们每个人都有情绪，并且这些情绪都很复杂，每时每刻都在发生着变化，快乐、激动、悲伤、恐惧、愤怒、忌妒等都可能随时影响我们的心境。事实上，这些情绪都是正常的人应该有的，也是有一定的心理原因的。对于那些坏情绪，我们只有找到它们产生的原因，给这些情绪找到正确的宣泄方法，才能将它们转化为自己所需。

## 到底是什么让你放大自己的痛苦

有个笑话，说一位农夫在收鸡蛋时，不小心打破了一个，他想：一个鸡蛋经孵化后就可变成一只小鸡，小鸡长大后成了母鸡，母鸡又可以下很多蛋，蛋又可以孵化很多母鸡。最后农夫大叫一声：“天啊！我失去了一个养鸡场。”

这农夫看起来着实有点可笑，但在现实生活中像农夫这样的人却大有人在。

比如，夫妻二人，在亲朋好友的祝福下走入婚姻的殿堂，两个人难免有磕磕碰碰的时候，拌几句嘴也属正常。可偏偏有人钻了牛角尖，将拌嘴升级为打斗，本来可亲可爱的人露出了凶恶面孔，即使战火息止，也难免伤了感情……

刚上学的孩子学习速度慢，几个星期下来，大字不识几个。看着自己的孩子不如别人家的聪明，想想他今后糟糕的学习成绩，一直想下去，那上大学肯定有问题，上不成大学，哪里来的好工作——父母亲便如热锅上的蚂蚁坐立不安。父母对孩子没有了好声气，夫妇之间也少不了要互相报怨……面对如此让人烦心的问题，再坚强的心也会被击垮。但这样的父母也未免太有“远见”了。孩子还小，理解力有限，也许一个偶然的提示就能让他转过弯来，而且初中成绩差，上高中突然成了优等生的事例也不少。

再比如，人到老年，容易瞎琢磨，会“想象”出很多痛苦。如退休金没人家多；住房没人家宽敞；孩子的工作没人家的好……放大痛苦，结果是有百害而无一利。

在朋友面前说错了一句话，你后悔万分，陷入深深的自责中，担心朋友从此对你有看法。你工作很努力，但评优晋升没你的分儿，于是闷闷不乐，总感觉上天为什么如此不公。亲人突遭不幸，你感觉天像塌下来一样，自己被巨大的痛苦包围，无法呼吸，甚至无法再生活下去……

我们总觉得活得很累，我们总有宣泄不完的痛苦，这是为什么？原因很多，但原因之一肯定是我们常犯的一种错误——放大痛苦。而我们之所以会放大痛苦，也是有一定的心理原因的，那就是太在乎别人对我们的看法，我们把这个世界看成以“我”为中心，所以常常把失败扩大。我们常常因为小小的事情而觉得自己罪大恶极，整日愁眉苦脸。带着这样的坏情绪生活，我们又怎么能快乐起来呢?

“我只是一粒沙子。”当你苦恼的时候，不妨用这句话安慰自己。是的，我们没那么重要，无论遇到什么，其实都没什么大不了的。对于宇宙来说，我们不过是沙漠中的一粒沙子，何必要把自己的苦处放大?

在面临不幸的时候，如果一味地放大痛苦，问题就会越来越糟；如果辩证地想一想也许就豁然开朗了。

任何人都难免失误，但正确面对失误，把失误局限化，并积极寻求解决和弥补的办法，这才是我们应有的生活态度。

卢梭说过："除了身体的痛苦和良心的责备以外，一切痛苦都是想象出来的。"俗话说得好：生活像面镜子，你哭它就哭，你笑它就笑。让我们生活中的笑更多些，千万不要放大痛苦。

生命仿佛是一个神秘的原始森林。我们谁也不知前方是什么，只有不停地追求、探索。挫折就是森林中的野兽，不知什么时候就会侵占你的领土。痛苦是心灵中的一株野草，在挫折"光顾"你的领土时，痛苦若是过度繁殖，那么它就会占据你心中的阳光、水和空气，你心中的快乐、希望、幸福就会消失。

因此，当我们下一次遭遇挫折时，我们应该告诉自己：不要放大痛苦！

**心理小贴士**

绝大多数人都背负了过重的忧愁和苦痛，我们常把自己轻易地放进痛苦之中。当你苦恼之时，到外面走一走，把自己摆在大山大水之间，想象自己是一粒沙子，发现自己的微不足道，让痛苦褪去夸大的外衣，还原成本来的样子。很快，我们就又能听到内心的声音，找到应该走的路了。

# 你是怎样患上葬礼恐惧症的

老李是一个单亲爸爸，带着儿子生活，这天，他来到了心里诊所，道出了压抑自己三年的心病：

"三年前，一位同窗好友因交通事故突然去世，这是个突如其来的消息。到殡仪馆的时候，我就感到心口非常地疼，还觉得口干、心慌、胸闷。随着时间的流逝，我心中的悲痛已慢慢淡化，但殡仪馆的那些场景却

一直残存在我的脑海中。说实话，三年来，我没有睡过一个好觉，一到晚上，我就感到恐惧，眼睛一合上，所有的场景就会再现，整晚都无法入睡。但有人陪着的话，我能睡着，可是别人不可能天天陪着你。一个人时，要么得开着灯，要么电视通宵播放，这样才不会害怕得那么厉害。

当然，白天人多，又有工作，我不害怕。就是到了晚上，房间里冷冷清清地，我的脑子便不由自主地想起殡仪馆的阴森来，以致无法入眠。

这几年来，不管何时何地，我只要看到别人胸戴白花、臂缠黑纱，就会感到胸闷心慌、头昏目眩，有时路过殡仪馆门口也感到恶心头晕。这件事情已困扰我很久了，我真不知该如何摆脱。”

听了老李的陈述后，心理医生告诉他：“任何人都会恐惧死亡，但你的这种恐惧已经影响到了生活，需要作一些心理调节。不过我还是建议你在家进行自我调节。首先要调整好心态，不要刻意去想‘我会不会害怕’；其次睡前可进行一些放松练习，如做做瑜伽；再次，前期可以使用小夜灯‘壮胆’；最后，也可养些宠物作伴……”

其实，老李患上的就是葬礼恐惧症。所谓葬礼恐惧症，指的是患者身处葬礼环境中或看见佩戴白花、黑纱的人，甚至经过如殡仪馆、陵园、灵堂等某一特定区域时所产生的一种恐惧心理。

条件反射学说认为，当患者受到某一事件的恐惧性刺激时，情景中的另一些并非恐惧甚至无关的刺激，会同时作用于患者的大脑皮层，两者作为一种混合刺激物形成条件反射，以后遇到这种情况，即使是无关刺激，也能引起强烈的恐惧情绪。

案例中的老李之所以会产生这样的恐惧心理，就是这个道理。葬礼是导致恐惧的刺激条件，而类似的白花、黑纱等则属于无关刺激。由于恐惧情景的延伸，白花、黑纱甚至殡仪馆、陵园、哀乐声等也成了恐惧物。

老李经过了好友的葬礼后，心理上便产生了对事件严重性的想象，如担心自己也会像好友那样突然死去，再加上有意回避，拒绝看白花、黑纱

等，这在他的心里已经形成了固定的概念，一想到这些事物就感到恐惧。时间越长，这种感觉就越重，今后如果再想以正常心态接触这些事物就非常困难了。

实际上，对黑暗与死亡的恐惧是人的天性，有些人参加葬礼后会有做恶梦、无法入睡的表现，但一般几天后就会自愈。当然，在了解了葬礼恐惧症产生的原因后，我们便可以采用行为疗法治疗。著名的哲学家罗素提出过这种缓和恐惧情绪的技巧，即只要你坚持面对最坏的可能性，并怀着真诚的信心对自己说“不管怎样，这没有太大的关系”，你的恐惧情绪就会降至最低限度。

对于葬礼恐惧症，专家给出了以下建议：

对于已经存在的恐惧事件，与其逃避，不如正视它并改变它。观念上要明确，只有面对恐惧才能消除恐惧。你必须鼓起勇气去正视白花、黑纱或再去殡仪馆，开始时你可能会有些恐惧不安，但经过几次尝试后，这种恐惧感就会慢慢消失。如果单独练习不能奏效的话，可让你的家人或朋友陪着练习，必要时找心理医生咨询。

**心理小贴士**

消除任何恐惧的唯一方法都是正视它，只有正视才能克服，患上葬礼恐惧症的人首先要正视死亡问题。其实，我们要明白的是，人都会生老病死，生与死，都是人生必经的阶段。

## 人为什么容易冲动

有一天，她和老公去购物，走进一家裤行。她走近一位售货员问：“有靴裤吗？”没想到售货员不耐烦地说：“长靴还是短靴？”

“长靴。”“中间一排。”她看了看，看中一条条绒布料的，刚要伸

手去拿，从背后传来了叫喊声："别拽别拽。"她就停了下来，那个售货员正在给另一位顾客拿裤子，并牢骚满腹："烦死我了。"随后鼻子不是鼻子脸不是脸地对她说："哪条？"一见那架式，她着实有点儿生气了，但她深呼吸了一下，还是忍住了，心想不值得计较。于是她不买了。她迅速走向门口，丈夫正在那儿等她。正好，店主人也在门口，看见了刚才发生的一幕，找了另一位售货员，要为她服务，这个服务员说："你可真是海量啊，一般去她那儿买衣服的人，没有不和她吵架的，你的修养可真是少见。"她一听，倒也挺开心。

我们不得不佩服故事中的女主人公的脾气。其实，本应该如此，何必生气呢？你能改变那位售货员吗？售货员态度不好，你可以转向别家去买，你能损失什么呢？损失的是她。

我们知道，人都是有情绪的动物，我们的情绪会被周围的人和事所影响，但有些人能做到自控，做事不冲动；而有些人却总是受到自己情绪的摆布，于是，他们起伏摇荡于这种恶性失衡之中，做事时陷入自相矛盾的境地。这种过分轻狂不仅毁掉了他们的意志，也殃及他们的判断力，干扰了他们的欲望和理解力。这就是为什么人们常说"冲动是魔鬼"。

俗话说：态度决定一切。也就是说，一个人的情绪糟糕，往往会把一切事情都办糟糕。即使遇到了好事和良机，也会因为不良的情绪，使自己产生出无形的压力，使自己的能力无法充分发挥，错过这些机遇。

那么，人们的坏情绪中，冲动的魔鬼到底是从哪里来的呢？

坏情绪大家都有，但它的强烈程度和带给人的伤痛却因人而异。其共同表现为：血液涌向四肢躯干、脑部，心率加快、肾上腺激素分泌增加，产生强大的身心能量，以应付激烈的行动。愤怒、生气、不满、仇视、鄙视等情绪都属于激惹冲动类情绪。这种性格类型的人，常容易产生难以控制的行为。

心理专家建议我们应该掌握一些克制自己冲动的方法：

首先，你要冷却情绪。

美国一位社会心理学家给容易发怒的人提出了这样一个建议：试试推迟你的动怒时间。一旦你意识到可以推迟动怒，你便学会了自我控制。推迟动怒也就是控制愤怒。经过多次练习后，你便知道如何消除愤怒。

在气头上，你很容易冲动而做出一些措施，为此，你首先要做的就是冷静，为自己的情绪降温。具体来说，你可以尝试以下几种方法：

第一，“数数法”。不过这里的数数，并不能按照常规数字顺序，因为这样做并不会启动我们的理性程序，而应该打乱顺序，比如，1、4、7、10……这样一来，你的理性思考能力就可渐渐恢复了。

第二，描述法。比如，你可以这样描述，这个茶杯是黄色的……他穿的毛衣是黑色的……数十至十二项物体的颜色，之后你会发现自己冷静多了。

其次，理智思考，替换非理性的“自发性念头”。

你要明白的一点是，真正让你产生不良情绪的，是我们的想法，而不是别人的行为。换句话说，不是发生了什么事，而是我们如何解释事件，才会决定产生的情绪。

例如，你可以告诉自己：“我知道我的能力是极佳的，不会因为你一句话而影响我！”这样自我暗示，愤怒自然就无处可生，而会被其他情绪所替代了。

最后，你可以使用建设性的内心对话。

既然想法是导致情绪的主因，客易动怒的人就应该加强内心的想法，准备一些建设性的念头以备不时之需。

例如，“不论如何，我都要平静地说，慢慢地说。”“我才不会生气，生气就等于暴露了自己”等。

当你能熟练这些灭火步骤时，你就会发现，无论与你交往的人如何激怒你，你都能平心静气地面对，也不会中了对手的圈套。

**心理小贴士**

人生漫漫，心态决定人生，也决定了人的生活方式。懂得自制，能控制自己的情绪，就能控制由冲动带来的一系列恶性情绪反应循环。

# 杞人忧天者“忧”从何来

从前，有个这样的故事：

杞国有个人整天担忧天会塌地会陷，自己无处存身，便整天睡不好觉，吃不下饭。有人就去开导他，说：“天不过是积聚的气体罢了，没有哪个地方没有空气的。你一举一动，一呼一吸，整天都在天空里活动，怎么还担心天会塌下来呢？”那个人说：“天果真是气体，那日月星辰不就会掉下来吗？”开导他的人说：“日月星辰也是空气中发光的东西，即使掉下来，也不会伤害什么。”那个人又说：“如果地陷下去怎么办？”开导他的人说：“地不过是堆积的土块罢了，填满了四处，没有什么地方是没有土块的，你整天都在地上活动，怎么还担心地会陷下去呢？”

经过这个人的一番解释，那个杞国人放下心来，很高兴；开导他的人也放了心，很高兴。

这就是杞人忧天的故事，这个故事常比喻不必要的或缺乏根据的忧虑和担心。可能你会觉得故事中的这个人很可笑，然而，我们生活中同样有这样自寻烦恼的人。

在外人眼里，王大妈是个很有福气的人，老伴是“高工”，儿子出国深造，自己退休在家抱抱孙子，真可谓万事如意。可王大妈自从儿子出国后经常睡不好觉，噩梦连连，连白天也提心吊胆，担心儿子过不惯国外的快节奏生活，又怕儿子在国外遭到不幸。

赵小姐29岁，她最近给心理专家寄去了咨询信，信中说她近来看到一

些不好的事物或现象，心里面就会产生一些不好的联想。如看到有的妇女不孕，就担心自己如果和她们在一起，也会跟着患不孕症。有时候爱人出差了，她就会担心他在路上出车祸。赵小姐说，自己明明知道这些想法是杞人忧天，也总是想找一些办法来排除，但就是解决不了。

这种自寻烦恼的现象，就是“现代焦虑症”。那么，这些杞人忧天者到底忧从何来呢?

美国心理治疗专家比尔·利特尔经过研究认为：一个人若有以下心理或做法，必定会促使其自寻烦恼、无事生非：

1. 总把原因归结于自己

你是不是认为别人不喜欢你是因为你的原因？你是不是认为同事被上级领导批评也是因为你的原因？如果你把消极原因都归结于自己，那么要不了多久，你就会烦恼成疾。

2. 喜欢做白日梦

最可怜、可悲的人莫过于那些总是做白日梦的人，如果你不重新调整你的目标，那么，那些无法实现的目标同样让你烦恼不断。

3. 盯着消极面

不要总是把眼光放在你曾经受到的多少次冷遇上，也不要总是计算自己吃了多少次亏，如果你这样做，你就会运用这种消极的思想方法来给自己制造烦恼。

4. 制造隔阂

你从未赞美过他人，总是挑刺儿、埋怨，好与人争论，这是制造隔阂、自寻烦恼的妙法。

5. 总是拖延问题

问题一旦出现，你就要解决，因为此时解决很容易化为乌有，而如果你采取拖延的方法，那么，问题只能像滚雪球一样越滚越大，最后一发不可收拾。不要有“既然错过了解决问题的时机，索性再往后拖拖”的想

法。这样，只会使问题变得更糟，必定会导致你的愤怒和苦恼埋在心底几个月甚至几年。

6. 把自己摆在殉难者的位置

比如，你可能经常会听到家庭主妇们这样抱怨："没有一个人真正心疼我，对我们家来说，我不过是个仆人而已。"而男人们也会抱怨说："我的骨架都累散了，谁也不把我当回事，大家都在利用我。"

要知道，经常这样想，必定会使你烦恼异常，而且还能使周围的人感到厌烦，令你的感觉变得更糟。

下面是专家们给出的一些简单的办法，以改善我们的心理状况：

（1）要有所认知，你的担忧是不必要的，因为它们发生的概率很小，不必自寻烦恼。

（2）对于潜在的危险、威胁、恐惧等，最好的办法是，从心理上作最坏的打算。为了消除中学生的高考焦虑，心理医生通常会与来访的学生一起讨论高考失利或落榜的后果及其落榜以后的打算，道理就在于此。把失败考虑在前，有利于以放松的心态参与竞技。这样，你就有足够的心理准备应对不测。

（3）找到自己的兴趣所在并全身心投入进去。很多时候，人们杞人忧天的原因，就是逃避现实，如觉得某些事情危险，就不去做了。可当你投入做事情的时候，很容易忘记焦虑。

**心理小贴士**

任何心理的问题都不是绝对的，每种心理障碍都有着某些联系和相似之处。杞人忧天者找到自己的症结所在，学会凡事往好处想，焦虑的症状就能得到逐步改善。

# 自信者是怎样获取力量的

作家刘墉曾经有过这么一段经历：

他的第一本书《萤窗小语》写完之后，原本打算找出版社给他出版，但却没有得到任何回应，后来，他不得不花钱出版，但没想到的是，他的书卖得很火，连当初拒绝他的出版社都跌破眼镜。

的确，无论任何时候，唯有自己相信自己的才华，别人才可能相信你，自己若不放弃，别人又怎么能放弃你呢？这就是自信的力量。

生活中，人们常说："你自己永远是信任你的最后一个人——全世界没有一个人信任你了，还有你自己信任你自己。"列宁也说过："自信是走向成功的第一步。"那么，自信者为什么能更容易获得成功呢？

因为人的自信是一种内在的东西。一个人有了自信后，就会积极向上，就会比别人更有耐挫力，他们遇到问题时，也更有勇气面对，而正是这种力量指引着他们不断走向成功。

与自信相对的是自卑，自信是建立在正确的自我认知的基础上，是相信自己能达到一种目标的表现；而反过来，自卑则是只看到自己的缺点和不足，看不到自己的优点和长处，是不相信自己、自我贬低的表现，并且自卑者很害怕失败，在与人交往时显得退缩、被动。

可能很多人会产生疑问，如何才能具备积极的心态呢？其实，这完全在于我们自身的选择。心理专家给出以下几条获取自信的建议：

1. 摒除那些消极的习惯用语

这些消极的习惯用语一般有：

"我好无助！"

"我该怎么办？"

"我真累坏了。"

……

相反，我们可以这样说来激励自己：

“忙了一天，现在心情真轻松！”

“上帝，考验我吧！”

“我要先把自己家里弄好。”

“我就不信我战胜不了你！”

2. 正确认识自己，接纳自己

一个人要对自己的品质、性格、才智等各方面有一个明确的了解，方可在生活中获得较为满意的结果。此外，不要讨厌自己，不要以为自己羞怯就容忍自己的短处。一个人不要看不到自己的价值，只看到自己的不足，更不要认为自己什么都不如别人，处处低人一等。

3. 有意接收积极信息

每天早上，当你起床后，就要接触那些积极的信息，如果可能的话，和一位积极心态者共进早餐或午餐。不要去看早上的电视新闻。你只要浏览一下当天报纸上的几条重要新闻即可，这几条新闻足以让你了解当今世界的重大新闻。你可以多关心一些与你的工作和生活有关的当地新闻，而对于那些惨案类的新闻，你要管住自己的眼睛，不要在早上就去阅读它。在开车或者坐车去上班的途中，你最好听一些愉快的音乐……而晚上，不要花大量时间去玩网络游戏、看电视等，你应该多陪陪你的家人和孩子，向他们讲讲当天的趣事。

当你情绪低落时，你可以放下手中的工作和烦琐的生活，去你所在城市的医院、养老院、孤儿院看看，这样，你会发现，比你不幸的人太多了。如果情绪仍不能平静，就积极地去和这些人接触；和孩子们一起散步、游戏，把自己的情绪转移到帮助别人身上，并重建自己的信心。通常只要改变环境，就能改变自己的心态和感情。

当坏心情降临时，你可以用某些哲理或某些名言安慰自己，鼓励自己同痛苦、逆境作斗争。自娱自乐，会使你的情绪好转。

心理小贴士

无论我们遇到什么事，都不要让消极心态有机可乘，要拒绝受控。一旦被消极心态袭击，我们得马上自我保护，提醒自己它只不过是借软弱打倒理性的纯粹思维惯性而已，这样你便能歼灭那些消极心态了。

## 牢骚满腹的人又怎么会幸福

卡耐基曾经遇到过这样一个女士：

这位女士一见到卡耐基，就开始抱怨，说她的丈夫不好好工作，接下来又开始抱怨她的孩子，说她的孩子不好好学习。总之，她有很多不满意的地方。等她抱怨完了，卡耐基对她说："这位女士，你太追求完美了。"当她听到这句话后，非常吃惊地看着卡耐基，过了好一会儿才说："卡耐基先生，您认为我非常追求完美吗？可我并不这样认为啊！而且像我这样相貌也不好、学历也不高的女人，根本不会去追求完美的。"卡耐基说："你刚才跟我介绍过你的情况，你想想看，你的丈夫现在才三十几岁，但却有了自己的公司了，这已经是成功人士了，你为什么还认为不够好呢？而你的儿子他才小学四年级，每次也能考个不错的成绩，你又为什么不满足呢？难道你不是在追求完美吗？"听了卡耐基的话后，那位女士很长时间都没有说话，最后接受了卡耐基的说法。

其实，生活中有很多这样的人，他们总是对生活现状不满，总是不断追求完美。比如，早上起床晚了，抱怨的人会想："家里人为什么不叫我一声？真是不负责任！"不抱怨的人会想："也许他们是想让我多睡一会儿。"

出门走路，与别人撞了一下，抱怨的人会想："挺大个活人都看不见，长眼睛干什么的？"而不抱怨的人会想："他肯定有什么急事儿，没

看见，也怪我没注意。”

到了公司，同事对面走过来却对你视若无睹，抱怨的人会想：“他对我有意见？牛什么？我还懒得理他呢！”不抱怨的人可能会想：“他准是想着心事，没留神。”

你辛辛苦苦做完一件工作，满以为会得到上司的夸赞，但谁知道上司不哼不哈，连个高兴的脸色都不给，抱怨的人会想：“遇上这样的上司，活该我倒霉，一辈子都没有出头之日了。”不抱怨的人会想：“这本就是我份内的事。”

下班了，原本打算早点回家的你，却被通知临时要开会，抱怨的人会想：“下班都不让人轻省，这是什么破公司！”不抱怨的人会想：“也许真有什么重要的事情。”

好不容易回到家，爱人还没回来做饭，抱怨的人会想：“一天忙得臭死，却连顿现成饭都吃不上！”不抱怨的人会想：“今天有个一显身手的好机会了，我要给家人一个惊喜。”

……

之所以抱怨的人会说生活这么累，是因为他只看了自己的付出，而没有看到自己的所得；而不抱怨的人即使真的很累，也不会埋怨生活，因为他知道，失与得总是同在的，一想到自己所得，他就会感到高兴。

的确，牢骚满腹的人不可能获得幸福，因为抱怨会破坏我们原本积极的潜意识。你可能有过这样的体会，只要我们的头脑中有一丝抱怨的意识，那么，我们手中的工作就会不由自主地慢起来，然后为自己鸣不平、讨公道，甚至是抱怨老天不公。在这种坏心情的影响下，不仅我们的工作和生活都受到了影响，我们的心态也会改变。而真正的勇者，他们从不抱怨，他们总是能淡定、冷静地看待世界，审视自己，最终成就自己。

因此，不要抱怨你的专业不好，不要抱怨你的学校不好，不要抱怨你住在破宿舍里，不要抱怨你的男人穷或你的女人丑，不要抱怨你没有一个

富爸爸，不要抱怨的你工作差、工资少，不要抱怨你空怀一身绝技却没人赏识，不要抱怨你的老板不近人情，不要抱怨你的同事素质低……生活是你的朋友，不是你的敌人。虽然现实有太多的不如意，但就算生活给你的是垃圾，你同样能把垃圾踩在脚底下，登上世界巅峰。

**心理小贴士**

生活中有一些人，他们似乎从来就没有过顺心的时候，无论什么时候和他们在一起，你都会听到他们在抱怨。高兴的事情他抛在脑后，不顺心的事情总挂在嘴上，这样的人又怎么会快乐呢？摒弃抱怨，你才能找到生活的真谛，才会懂得珍惜生活。

## 果断点，当断不断反受其乱

有一个年轻人，长相帅气，为人厚道，但就是有个缺点，做事优柔寡断，就连追女孩子也是如此。

他心里有个喜欢的姑娘。每逢周末，当同事都和女朋友约会时，他的心里也痒痒的，但他就是没有那个勇气。他总是担心这个担心那个，要么怕对方拒绝，要么怕打扰对方休息。

一个周末的下午，百无聊赖的他终于下定决心要去姑娘家。但是，当出租车开进姑娘家所在的巷子时，他就开始后悔了，既怕这次来了不受欢迎，又怕被爱人拒绝，他甚至希望司机现在就把他拉回去。

车开得特别慢，但终于还是停在了姑娘家门口。他想，既然来了，就豁出去吧，他轻轻地按了下门铃，居然没人回应。他又想，无论谁来开门，如果对方告诉自己姑娘不在家该多好。他等了一会儿，还是没人出来，幸好他们都不在，不然自己可怎么应付。

于是，他只好既高兴又失望地离开了。不过接下来的一个下午，他又

要无聊了。

事实上，他没有想到的是，这个姑娘已经等了他一上午，她多希望他能站在楼下喊一下自己的名字，因为他们家门铃坏了。

故事中，假如这个年轻人不那么患得患失、迟疑不定，而是大胆地来找心爱的姑娘，那么，恐怕他会与姑娘度过一个愉快的下午了。

的确，生活中，我们常常也需要作抉择——实行或者不实行，我们总是试图通过我们最精确的思维，获得我们最想要的结果。但实际上，很多时候，正是因为我们过多地思考，而导致了我们瞻前顾后，不敢行动，成功的机会也就在“做”与“不做”之间流失了。曾经有人说过，这个世界上，最可怜的人就是那些瞻前顾后、不懂取舍的人，正是因为他们左右摇摆，而最终一事无成。

那么，在作抉择时，是什么样的心理导致了他们当断不断呢？

其实，这一心理就是权衡，人们总是会在几个选项中进行权衡，希望获得最佳的答案，但给自己太多的思考时间，最终只能让机会悄悄地溜走。

可见，任何时候，在你决定某一件事情之前，你应该运用全部的常识和理智慎重地思考。如果发现好的机会，就必须抓紧时间，马上采取行动，才不致贻误时机。如果犹豫、观望而不敢决定，机会就会悄然流逝，后悔莫及。瞻前顾后的行为习惯使人丧失许多机遇，很多时候，很多事情，如果我们能横下心去做，事情的结果就会大不相同。

那么，如何克服这种左右迟疑的习惯呢？心理专家总结了以下几点卓有成效的方法：

无论做什么事，不妨告诉自己：假如今天是我生命中的最后一天，我该怎么做？当然应该全力以赴。否则，你总觉自己还有充足的时间，总会优柔寡断、抱有幻想，那么最终便会一事无成。

另外，你还需要做的是，不顾一切勇往直前。你可以这样勉励自己：

“豁出去了，大不了重来”“大不了被人笑话一顿”，即使这样，又有什么损失呢？一旦你有了这样一种意识，肯定就会敢做敢当，优柔寡断的现象肯定会在你身上消失得无影无踪。

当然，要摆脱这种苦恼，我们就要训练自己的判断力，要坚定、勇敢、自信、果断，你若一直朝着目标前进，那么，他人一定会为你让路。而对于一个摇摆不定、踌躕不前、走走停停的人，别人一定抢到他前面去，绝不会再让路给他。

**心理小贴士**

在作抉择的时候，当断不断，必受其乱。为人行事，必须坚决果敢，当机立断，一旦决定下来就应该马上去做，如果前怕狼，后怕虎，只会白白丧失很多机会，考虑太多只会造成“竹篮打水一场空”的后果。

# 人为什么容易习惯性无助

通常情况下，人们捕捉到的是小象，他们把小象养在木桩制成的围栏内。小象小时候曾想过逃跑，但是，那时候它们力气还小，无论如何用力都对付不了木桩。时间久了，在小象内心深处就树立了一个牢固的信念：眼前的木桩是不可能被扳倒的。即使小象长大成为了大象，它已经有足够的力量去扳倒一棵大树，但却对圈禁它的木桩无能为力，这是一个奇怪的现象。其实，这种现象就是“习惯性无助”。它是指动物或人在经历某种学习后，在情感、认知和行为上表现出消极的特殊心理状态。一旦沾染上“习惯性无助”的人会在内心给自己筑起一道永远的墙，他们坚信自己无能，所以放弃任何努力，最后一事无成。

美国心理学会主席塞利格曼曾做过这样一个实验：刚开始把狗关在

笼子里，只要蜂音器一响，就给狗难受的电击，狗关在笼子里逃避不了电击。多次实验之后，蜂音器一响，在给电击前，先把笼门打开，这时狗不但不逃而且是不等电击就先倒在地上开始呻吟和颤抖，本来可以主动地逃避的狗却绝望地等待痛苦的来临。塞利格曼把这种现象称为“习惯性无助”，那么，在人身上是否也存在这一特性呢？

不久之后，塞利格曼进行了另外一个实验：他将学生分为三组，让第一组学生听一种噪声，这组学生无论如何也不能使噪声停止；第二组学生也听这种噪声，不过他们可以通过努力使噪声停止；第三组是对照，不给受试者听噪声。当受试者在各自的条件下进行一阶段的实验之后，又令他们进行另一种实验。实验装置是一个“手指穿梭箱”，当受试者把手指放在穿梭箱的一侧就会听到强烈的噪声，但放在另一侧就听不到噪声。通过实验表明，能通过努力使噪声停止的受试者以及对照组会在“穿梭箱”实验中把手指移到另外一边，但那些不能使噪声停止的人仍然停留在原处，任由噪声响下去。这一系列实验表明“习惯性无助”也会发生在人的身上。

习惯是一种自然，人们不自觉地沾染上习惯性无助，就会有一种“破罐子破摔”“得过且过”的心态，而且，这种消极心态还有可能会感染给他人。比如，有的员工在向客户打电话的时候，电话还没有接通就开始说：“你们没有这个计划啊？那好，再见。”脸上没有失望的表情，似乎已经习以为常，即使上司告诉他“这个单子你去跟一下”，他也会无奈地表示：“跟了也没用，他们没兴趣的。”这些都是生活中典型的“习惯性无助”，也许他们就是我们的一个缩影。对此，经常把“我不行”“我不能”挂在嘴边是愚蠢的做法。因为心里暗示的作用是巨大的，当自己在经受某个挫折就断然给自己下结论“不行”，实际上是给自己一个消极的心理暗示，时间长了，你真的会习惯性地说“我不行”。

有一天，哈佛大学心理学教授罗伯特先生接到了一个高中女孩的电话，在电话里，女孩子带着沮丧的口吻重复着：“我真的什么都不行！”罗伯特教授感觉到她的痛苦与压抑，他亲切地询问：“是这样吗？”女孩好像对自己特别失望：“是的，我和同学的关系不好，大家都不喜欢我，我的学习成绩一般，老师也不正眼瞧我，妈妈把所有的希望寄托在我身上，但我却无法满足她的愿望，我喜欢的男孩也不再喜欢我了，我已经感觉不到生活里的阳光了……”罗伯特教授追问：“那你为什么要打这个电话？”女孩继续说：“不知道，也许是想找个人说说话吧！”经过了一番交谈，罗伯特教授明白了女孩的问题——习惯性无助，却又缺乏鼓励。假如一个人长时间在挫折里得不到鼓励与肯定，那真的会逐渐养成自我否定的习惯。

接着，罗伯特教授说：“我觉得你有很多优点，有上进心、是个懂事的孩子、说话声音很好听、很有礼貌、语言表达能力强、做事情认真、能够与人沟通……你看看，我们才聊了一会儿，我就发现你有这么多的优点，你怎么能说自己什么都不行呢？”女孩惊讶地问：“这能算优点吗？没有人这样说过呀？”罗伯特教授回答说：“从今天开始，请把你的优点写下来，至少要写满10条，然后，每天大声念几遍，你的自信心会慢慢回来。要是发现了的优点，别忘了一定要加上去啊！”

罗伯特先生这样告诉他的学生：“在我们的身边，可能也有许多像这个女孩一样的人，在经历过挫折之后就觉得自己什么都不行，但是，我希望你们今后彻底打消这种念头。无论什么时候，在做任何事情之前，都不要急于否定自己。”

心理小贴士

人们常常在经历了一两次挫折之后，就好像失去了挫折免疫能力，他们对于失败的恐惧远远大于对成功的希望。由于怀疑自己的能力，使得他们经常体验到强烈的焦虑，身心健康也受到影响。而且，他们认定自己永远是一个失败者，无论怎么样努力都会无济于事，即使面对他人的意见和建议，他们也还是以消极的心态面对生活。对于这样的心态，我们应该尽量避免，正确评价自我，增强自信心，让心坚强起来，摆脱无助的境地。

# 人为什么容易陷入自怜的陷阱

心理学家：“自怜是让人上瘾的麻醉剂。”在现实生活中，大多数人都喜欢自怜，尤其喜欢抱怨，而抱怨的对象总是脱离了自己，要么是怨天，要么就是怨他人。当“我是该有多么可怜啊”这个意识弥漫于全身，宣泄出内心的烦闷，每个人都会感到奇妙的感觉。有时候，我们总是患得患失，所以常常会滋生出自怜的心态，从心理学上说，这是一种病态心理，而自怜就好像是能够让人上瘾的麻醉剂。有的人在日常生活中遭遇了挫折与困难，越是痛苦，就越是自怜。或者，从某种程度上说，自怜是一种自我保护，但是，过度的自怜会令我们迷失自我，在极力想包裹自己的同时，我们也被苦难所吞噬了。

女儿总是向父亲抱怨自己的生活，抱怨每件事都是那么艰难，自己快活不下去了。父亲没有言语，只是把女儿带进了厨房，他先烧开三锅水，然后往一个锅里放胡萝卜，在第二个锅里放鸡蛋，在最后一只锅里放咖啡豆。然后，父亲将食物浸入开水煮，大约20分钟之后，父亲把火关了，分别将胡萝卜、鸡蛋、咖啡豆舀出来。这时，他才转过身问女儿：“孩子，你看见什么了？”女儿回答：“胡萝卜、鸡蛋、咖啡。”父亲让女儿捣烂

了胡萝卜，将蛋壳剥掉，最后，让女儿喝了咖啡，女儿笑了，她小声问道："父亲，这意味着什么？"父亲解释说："这三样东西面临同样的逆境——煮沸的开水，但它们反应却各不相同。胡萝卜入锅之前是强壮的，毫不示弱；但进入开水之后，它变软了，变弱了；鸡蛋原来是易碎的，但是经开水一煮，它的内脏变硬了；而咖啡豆是粉状的，进入沸水之后，它们改变了水。"父亲停顿了一下，问女儿："哪个是你呢？当逆境找上门来时，你该如何反应？你是胡萝卜，是鸡蛋，还是咖啡豆？

在挫折面前，不同的人，他们的反应也是各不相同的。自怜的人总是害怕自己受到伤害，不敢直面挫折，他们就像那煮烂的胡萝卜一样，即使外表坚强，但内心却因为太自怜而最终走向了自灭之路。自怜是我们克服挫折或逆境过程中的绊脚石，它使我们的心理承受能力变得很差，还没有正面迎接挑战，它就宣告了"自己是个弱者"。因此，三毛曾说："我是个自爱但不自怜的人。"大多数自怜的人，最后会作茧自缚。

在人生道路上，我们不可能总是一帆风顺，挫折与困难是在所难免的。可是，我们绝不能认为自己是个自怜者而选择退缩，而应理智地面对它，冷静地找到战胜它的办法。自怜者面对突如其来的挫折会选择后退，或者是消极抵抗，只有那些勇敢挑战的人，才能够采取积极的态度来面对挫折，最后战胜挫折。

一天下午，艾森·豪威尔放学回家，一个同他年龄相仿的粗壮结实的男孩在后面追赶他。艾森·豪威尔害怕自己会受伤害，不敢迎战，一个劲儿地向前逃跑。父亲看见后，冲艾森·豪威尔大喊："你干吗容忍那小子追得你满街跑？"艾森·豪威尔当即委屈地反驳说："因为我不敢还手，而且，不管输赢，结果都是挨你的鞭子。"父亲大声喊道："别为自己的懦弱寻找借口，去把那小子赶走！"

有了父亲这句话，艾森·豪威尔还怕什么呢？他猛地转过身，开始猛烈地反击。那个追赶他的男孩被艾森·豪威尔的突然反击吓坏了，他慌忙

地夺路而逃。艾森·豪威尔顿时勇气大增，继续穷追不舍，一把将那个男孩抓住，当即把他放翻在地，正颜厉色地警告他："如果你再找麻烦，我就每天揍你一顿。"

艾森·豪威尔说："软弱就会一事无成，我们必须拥有强大的实力。"通过童年时期的这件事，艾森·豪威尔悟出了一个道理：面对看似强大的对手，千万不要胆怯和逃跑。若一个人没有足够的勇气和信心，总是自怜自艾，做什么事情都畏手畏脚，患得患失，害怕自己在挫折与困难中受到伤害，那么他就永远不会成功。罗斯福曾这样说："我们唯一值得恐惧的就是恐惧本身，那会让我们莫名其妙地胆怯，会让我们为前进所付出的努力付诸东流。"

**心理小贴士**

著名心理学家阿尔弗雷德·阿德勒曾说："所有人生的失败者、罪犯、吸毒者、自杀者、堕落者等，他们之所以失败，都是因为他们缺乏归属感和社会生活兴趣，从而对生活产生强烈的沮丧情绪。"而自怜，对修复破碎的自我毫无益处，一味沮丧往往会带来更残酷的现实，自怜往往会使现实向不利的方向发展。有时候，大多数的病痛源于自怜，正所谓"病由心生"，自怜成为了病痛的催化剂，越发严重的病痛越发加剧自怜，自怜的加剧再诱发更深层次的病痛，这就好像麻醉剂止痛一样，最后只能让人深陷其中而无法自拔。

# 第6章　躯体语言的心理分析：身体是怎样说话的

人际互动时，人们通常会认为与人交往的技巧应该在口头上，而实际上，人们在解读身体语言时得来的信息，往往比话语还多。这些无声的线索包括表情、眼神、姿态、手势、声音、触摸，甚至衣着、距离等。心理学家认为，躯体语言的用途很多，但最直接的莫过于我们可以通过阅读一个人的躯体语言来了解其情绪、感受，进而知晓其内心世界。因此，了解“躯体语言是如何说话的”这一点，应该成为我们学习心理分析的重要课程之一。

## 什么是躯体语言

晓燕有着周围人羡慕的职业——心理医生，但正是因为识人无数，使得她左挑右选到了三十岁还没有恋爱对象。在朋友一次次的催促下，已经成为“剩女”的她也不得不加入相亲的队伍。

那天，在母亲和一群朋友的把关下，晓燕决定在一家相当有品位的酒吧进行她人生的第一次相亲“活动”。晓燕深知第一印象的重要性，于是，在一番精心打扮之后，她来到了酒吧。当她在酒吧门口的时候，就看见一个人已经跟她打招呼了，此人不错！

晓燕走近那个男士一看，这是一个中规中矩的男人，一身笔挺的西

装，长相周正，干净的短发，没什么面部表情，双手放在腿上。从这里，晓燕已经能大致看出对方的性格了，不过，为了确定自己的判断、不给对方贴上性格的标签，晓燕还是想继续看看。接下来，对方直截了当地说："相信我的职业、年龄、家庭环境你都知道，我们都不小了，我觉得我们都别耽误彼此的时间了，要是可以，我们尽快结婚怎么样？"晓燕一听，果然如自己所料，这种性格的人说话很直接，不怎么顾及他人的感受。她知道这样的人在恋爱中，一般不会主动，而她当然不喜欢这样的人，于是，接下来的交谈中，她随便找了个理由就离开了。

的确，人的性格、情绪、人品都溢于言表，一个人的内心世界也不可能没有外泄的部分，一个人在坐立行时表现出来的身体语言就是很好的表露。只要我们善于发现，然后加以分析，即使"伪装"得再好的人，我们也能发现破绽。

那么，什么是躯体语言呢？顾名思义，躯体语言是由人的身体发出的，它包括了胸、腹、腰、背、肩的动作。相对来说，身躯各部位的动作受到了生理方面的限制，但身躯部位一旦与手的动作相配合，其表达的信息就丰富多彩了。

具体来说，人的躯体语言的动作体现在以下几个方面：

1. 胸部动作

如果一个人在与你交谈时会下意识地挺起胸膛，那么表明他很自信。女人们在身体受到袭击时，会本能地保护自己的胸部，这是人类自我防卫动作的一种遗传。另外，还有一些民族，会选择用右手放在自己的心脏部位来表达一种礼仪，以表示自己是诚实的、可靠的。

2. 腹部动作

中国人常说"满腹经纶""肝胆相照""肝肠寸断"，这都是中国人的腹部文化的最直接写照。

如果一个人在站立的时候会轻轻拍打自己的腹部，那么，这表示他是

得意的；相反，假如他蜷缩着自己的腹部，则体现了他的焦虑和不安。

3. 腰部动作

在人的身体中，腰部处在最中间，腰部位置的“高低”也就体现了一个人的心理状态和精神风貌。

无论是中国还是其他国家都有弯腰的礼仪，这体现了对他人的尊重，也体现了自己的谦逊。

与人打交道时，如果一个人挺起身板，则表现他胸有成竹，充满自信。

另外，坐姿和蹲姿也与腰部位置的高低有关。深坐者腰部位置特别低，表现了心理上的放松；浅坐的人流露出缺乏精神上的安定感；坐也不是，站也不是的动作，往往是小人物在大人物面前畏畏缩缩、提心吊胆的表现；蹲的姿势在文化水平较高的人中不大使用。一般来说，蹲姿有防卫、服从和休息的含义。

4. 背部动作

其实，背部工作是与腹部动作紧密相连的，因为这两个部位也是相连的。

一个人如果在与你交谈的时候背过身，那么则表示他不想理睬你；打电话时候，如果背对着你，那么则表示他不想你知晓他的秘密。

5. 肩部动作

无论在哪个国家，肩部都是责任与荣誉、尊严相关的。因此，我们不难发现，盔甲、军服、西装等服饰，都特意垫高肩部以体现一种权力和威严。某些男性将上衣搭在肩上走路，其实是下意识地扩大肩的势力圈的表现。

肩部又体现着一种责任感和安全感。于是，把手置于对方肩上，暗示着友好和信任；男性搂住女性的肩膀，那一定是极为亲密的关系；吵架的人推推搡搡时，往往是推对方的肩膀，这正是对对方最小势力范围的直接侵犯。

心理小贴士

不难发现，身体的各个部位受不同环境、情景以及不同的生理作用的影响，它们所传达的心理信息是不同的，了解这些，能帮助我们更好地作好心理分析。

## 观察躯体语言，洞察内心世界

一天晚上，从事销售行业的丈夫很晚回来。进门后，看见妻子还是一如既往地在等他，他就向妻子解释因为有许多事要和同事与客户交谈，所以才耽误了很多时间，并保证下次一定尽早赶回家，陪妻子吃饭，希望妻子原谅。但他说话时却下意识地用手摸摸嘴唇，而且尽量避免与妻子目光相对。善良的妻子也没有多想，为“疲惫”的丈夫准备了宵夜后，也就睡觉去了。

事实上，我们都明白丈夫撒了谎，因为他的动作已经出卖了他，他一连串的动作都是为了掩饰什么，而这位善良的妻子还是被他的理由蒙骗了。

当然，生活中，我们千万不能和故事中这位妻子一样，要学会眼观六路、耳听八方，更要火眼金睛，一眼就能洞察他人的内心世界。

可见，日常生活中肢体动作是不可忽视的。人在做出相对应的肢体动作的背后隐藏的含义称为躯体语言。躯体语言代表着此人心里最深处的想法，这是最真实的感受。我们也可以从躯体语言中判断此人是否说谎，是否隐瞒，是否具有可信性与行为理解能力这样能帮助你快速适应社会交流与看清人为的背后含义。

躯体语言的用途很多，但最直接的莫过于我们可以通过阅读一个人的躯体语言来了解其情绪、感受，进而知晓其内心世界。心理学认为我们的大脑和身体的各个部位是同步的。当我们受外界刺激时，如听到某些话或

看到某些人，大脑产生某种想法或感觉，与此同时我们的身体会作出与这些想法、感觉相对应的反应，并通过表情、肢体动作或姿势等反映出来。因此，通过观察一个人的躯体语言，我们就能大体上推断出这个人的思想或情绪状态，并以此预测他下一步的决定和可能采取的行动。这一点无疑可以帮助我们建立和促进人与人之间的关系，在工作和生活中更自信、更有分寸地处理和把握各种不同的人际关系。

可见，如果你想做一个聪明的人，那么，你不仅要学会听别人的言语，更要学会观察他人的躯体语言，因为言语可以用假装来掩盖，而躯体语言真实性却高得多。

那么，具体来说，我们该如何通过观察他人的躯体语言来洞察他人内心呢？

什么是躯体语言呢？躯体语言简称体语，指非词语性的身体符号。包括目光与面部表情、身体运动与触摸、姿势与外貌、身体间的空间距离等。

以下是一些与人交往的过程中的常识性躯体语言，需要我们掌握：

付账：右手拇指、食指和中指在空中捏在一起或在另一只手上作出写字的样子，这是表示在餐厅要付账的手势。

愤怒、急躁：两手臂在身体两侧张开，双手握拳，怒目而视。也常常头一扬，嘴里咂咂有声，同时还可能眨眨眼睛或者眼珠向上和向一侧转动，也表示愤怒、厌烦、急躁。

很骄傲、不可一世：用食指往上顶鼻子。

赞同：向上翘起拇指。

讲的不是真话：讲话时，无意识地将一食指放在鼻子下面或鼻子边时，表示别人一定会理解为讲话人讲的不是真话，难以置信。

别作声：嘴唇合拢，将食指贴着嘴唇。

害羞：双臂伸直，向下交叉，两掌反握，同时脸转向一侧。

威胁：由于生气，挥动一只拳头的动作似乎无处不有。因受挫折而双

手握着拳做使劲摇动的动作。

绝对不同意：掌心向外，两只手臂在胸前交叉，然后再张开至相距一米左右。

因为事情失败而颓废：两臂在腰部交叉，然后再向下，向身体两侧伸出。

当然，观人举止也只是我们识别人心的一个方面，需要我们掌握和了解的还有很多，但最重要的是要懂得观察，于细微处看出一个人的心理动态，这样即使面对那些经验丰富的人，也能先观其心然后做出具体的应对策略。

**心理小贴士**

躯体语言不能准确地告诉你一个人思想的内容，也就是他到底在想什么，但可以准确反映其对外界刺激反应后的感受或情绪。

## 你善于运用自己的躯体语言说话吗

有一次，林肯乘船沿河视察。途中，他与船员一一握手，一位加煤工腼腆地缩着手说："总统，我的手太黑了，不便与您握手。"林肯爽朗地笑着说："把手伸过来吧，你的手是为联邦加煤弄黑的！"林肯总统的手和加煤工的手紧紧握在一起。

这里，我们不得不承认的是，林肯是个善于运用躯体语言来拉近人际距离的领袖。抛开国体、政体不谈，假如我们是那个机械师、是那个加煤工，单就领袖的平易近人、对一个普通工人所做工作的肯定，我们会怎样对待工作呢?

的确，我们通常会以为与人交往的技巧应该在口头上，而实际上在，这只是我们的主观感受。人们使用最频繁的是非语言的交谈方式，这就是人们常说的"躯体语言"，它通常是在我们说话之前就已经表达出了我们的感觉和态度，反映了我们对他人的接受度。有数据显示，一个人要向外界传达完整的信息，单纯的语言成分只占7%，声调占38%，另外55%的信息都需要由非语言的体态来传达。而且因为躯体语言通常是一个人下意识的举动，所以，它很少具有欺骗性。

既然躯体语言在人际交往沟通中起着如此重要的作用，那么我们在交谈的时候，一定要注意躯体语言的利用。尤其是与陌生人交往的时候，善用躯体语言，更能有效地拉近彼此间的距离。

例如，现在你获得了一个难得的面试机会，就如何注意面试这一问题，专家建议：

从见到主考官的那一刻起，你就必须注意自己的身体语言。微笑并直视对方，如果他回以微笑，表示你有一个好开始。但如果对方面无表情，也不要使自己焦虑。注意眼神的接触，正向回应主考官的身体语言，突破他的防线：他紧绷着脸，你就面露微笑；他姿势僵硬，你就放松，像照镜子一样。

记得别交叉手臂，也不要翘起二郎腿；双脚略为平行，正对主考官而坐。双手轻松垂下或置于膝上，眼睛平视，不要乱瞄或东张西望。坐时微向前倾可以给人积极的印象，但别太靠近免得造成压迫感，如果注意到主考官不自觉后退，那么就试着放松你的姿势，稍微向后靠。

可见，如果你希望给别人好印象，就必须淘汰那些负向的躯体语言。在说话时，对自己的手势、姿态保持警觉，避免行为和言语出现矛盾，让别人不信任或使人产生敌意。

这需要我们从现在起，尝试使用这些肢体动作：

1. 展开你的笑颜

人们对于那些总是报以微笑的人似乎总是多一份好感。微笑是一种易于被接受的非言词信号，给人以友好、热情的印象。

当我们对他人微笑时，传递的是友好、渴望沟通的信息，对于对方来

说，也自然能感受到你的暗示，那么，他们通常都会报以微笑来回答你。

当然，这并不是要你时刻都强颜欢笑，而是说当你在遇见熟人或者结交陌生人的时候舒心地微笑一下，它可以展示你开放的交谈态度。

2. 张开你的双臂

这是一个热情的动作。可以想象，当你遇到某人的时候，如果他交叉双臂站着或坐着，说明他很冷漠，一点儿也不高兴。因此，当你交叉双臂站着或坐着时，你给他人的感觉是：你不愿意交谈，你有防备心，你将自己封闭起来。手捂着嘴（或手捂着嘴笑）或支着下巴的动作表明你正在思考。反过来，你也可以想象一下，如果是你，也可能不会打扰一个正在深思的人吧。另外，如果你双臂交叉，那么，你自身也会显得局促不安，从而让他人也不愿意靠近你，因为在与你交谈的时候，他们也会感到不自在。

所以，如果你想向对方表达你的热情，那就请张开你的双臂，即便看起来有点夸张，也总比交叉抱着双臂要好得多。

3. 身体微向前倾

当你和对方谈话的时候，身体微微前倾，这表明你对他的话题感兴趣。而这对于他来说，显然是一种尊重，他自然很愿意同你交谈下去。

4. 握手

你需要掌握一些握手礼仪：例如，参加聚会时应先与主人握手，再与房间里其他人握手。如果男士与女士握手时需待女士先伸出手，而不能主动与女士握，握时轻握女士的手指部分，不要握手掌部分。不要随便主动伸手与长者、尊者、领导握手，应等他们先伸手时才能握。对方可能未注意你已伸手欲与之相握，因而未伸手，此时应微笑地收回自己的手，无须太在意。

可见，最重要的交谈技巧之一并不是语言，而是我们的身体。掌握以上四个肢体动作，就掌握了与人初次交谈的一种本领，保证能让你抓住对方的注意力。

心理小贴士

要想巧妙地运用自己的躯体语言，你就要随时注意对方身体发出的信息，解读他们真正的想法，从而借助躯体语言来达到目的或解决问题。

# 如何才能正确解读躯体语言

“他今天居然连胡子都没刮，一定是跟女朋友吵架了。”

“开会时老板一直看着我，对我点头微笑，一定是觉得我表现很好。”

“他说话一直在搓手，肯定有强迫症。”

……

生活中，我们经常听到人们这样揣测他人的心理和情绪，而实际上这些揣测并不一定正确。原因很简单，他们对他人的躯体语言的分析并不到位，比如，“胡子没刮”，原因有很多种，可能时间不够，可能是其他生活问题，把原因归结于“和女朋友吵架”未免太过武断；“开会的时候老板的笑容”可能是针对所有人的；喜欢“搓手”，也有可能是因为紧张，并不完全是因为强迫症导致的……

很明显，如果要正确解读他人的躯体语言，我们必须要综合考虑，掌握一些解读的规则，这些规则有：

1. 理解要连贯

一些初学者经常会犯一个最致命的错误，那就是将研究对象的某个动作或者表情分离开来，他们忽视了其他相联系的表情、动作，然后片面地解读他人的躯体语言。

比如，在与人说话时，他们看到对方挠头，就以为对方是尴尬，其实挠头的原因有很多，如去头屑、头痒、不确定、健忘或者撒谎等，所以，

其具体含义应当取决于同时发生的其他表情和动作。

其实，和句子一样，我们说的每句话也是可以分解的，可以将其分解为词组、标点等，每一个表情或动作就好比一个单词，而每一个单词的含义都不是唯一的。

因此，只有当你把一个词语放到句子里配合其他词语一起理解时，你才能彻底弄清楚这个词语的具体含义。以“句子”的形式出现的动作或表情被称为躯体语言群，就好比我们如果想说一句话，就至少需要用三个词语来组织才能清楚地表达说话的目的。可以这么说，如果一个人能够读懂无声的躯体语言长句，并且准确地将它们用有声的话语表达出来，那么，他的“感知力”一定很强，或者说他的“直觉”一定很灵敏。

所以，如果你想获取准确的信息，就应该连贯地来观察他人的躯体语言。

当我们感到无聊，或是有压力的时候，我们常常会不断地重复做一个或者多个动作。不停地摸头发或玩头发就是这种情况下我们最常见的一种表达方式，可是，假如不考虑其他动作或表情，同样的动作却很有可能表示这个人心中很焦虑，或是不确定。

2. 寻找一致性

研究表明，通过无声语言传递的信息所产生的影响力是有声话语的5倍；而且当两个不同的人进行面对面交流的时候，尤其当这两个人都是女人的时候，她们几乎会全部依赖无声的躯体语言进行交流，而无视话语所传递的信息。

西格蒙德·弗洛伊德曾经遇到过一个案例。案例中，病人告诉他，她的婚姻生活十分幸福。在谈话中，这位病人不断地将她的结婚戒指取下，然后又戴上。弗洛伊德注意到了她这一无意识的小动作，他很清楚这意味着什么。所以，当有消息传来她的婚姻出现问题时，弗洛伊德丝毫不感到惊讶，因为一切都在他的意料之中。

观察躯体语言群组，注意躯体语言与有声语言的一致性就好比两把金钥匙，能够帮助我们打开躯体语言的宝库，从而正确地解读出无声语言背后的真正含义。

3. 理解要结合语境

对所有动作和表情的理解都应该在其发生的大环境下来完成。

举个很简单的例子，在地铁里，寒风瑟瑟，你看到一个人，他双手抱在胸前，那么你应该很清楚的是，他这样做，并不是为了保护自己，而是为了取暖。到同样的情况，如果放到谈判桌上，那么对方的意图就是自我保护，你应该明白，他其实是想借此告诉你，他对你的话持否定的态度，或者他对你持有敌意。

**心理小贴士**

身体就像一个无法关闭的传送器，时刻传送着人们的心情和状态。语言通常用来表达正在思考的东西或概念，而非语言信息则较能传递情绪和感受。因此，我们在解读时，必须要综合多方面因素来考虑。

## “大仙”们是如何洞悉人心的

我们的生活中，有很多这样的“大仙”，实际上他们是完全不懂算命的“江湖骗子”，但他们却很善于洞察人心，那么他们是怎么做到的呢？相信大多数的“大仙”都使用过这样的伎俩：

他先进行广告宣传，让自己的朋友到处宣传自己是个“大仙”，以吸引他人前来算命。然后，他会拿出一副塔罗牌，这张牌看上去已经使用了无数次，但其实他只是将这副牌事先在含有某种化学成分的水中泡过，晒干后，再拿砂纸擦过而已。

这天，有个人B来算命。这位算命先生便开始了自己的算命过程。

算命先生：你相信“同步性”吗？（故作神秘）

B：算命是“同步性”？（很疑惑的样子。）

算命先生：所谓同步性，意思就是某段时间内，一些毫无关联的事物居然一起发生。比如，就在昨天，我居然相继为六个B型血的人算命，今天，你是第七个，自然也是B型。（算命先生在说这句话的时候，小心观察着B的表情。）

B：天哪，你怎么知道的?

算命先生：当然，因为我是大师嘛!

说完后，他一脸的得意。

这里，这位大仙真的有什么神奇的算命术吗？当然没有！那他怎么知道B的血型的？很简单，因为他很善于观察他人的躯体语言！不难看出，所谓的“同步性”和前面六个B型血的人，都是他编造出来的，都是为了探测出被算命者的血型而制造出来的幌子。

当他解释同步性这个问题的时候，其实他已经在观察对方的表情，此时，对方一脸惊讶，说明他就是B型血，于是他便得意地说：“今天，你是第七个，自然也是B型。”而倘若对方此时并没有什么反应，那说明B型血和自己并没有什么关系，那么，他便会说：“今天，你是第七个，当然不是B型了。”因此，无论他怎么说，他都“算”对了。

通过以上分析，我们便看出了那些所谓的大仙们的伎俩。实际上，那些人际关系好、处处得人缘、事业上顺风顺水的人往往都有一个“绝活”——善于察言观色，善于洞悉他人内心世界。

比如，那些业绩好的销售人员，都有一套自己的套出客户信息的方法。他们知道自己需要了解的是：对方到底想要什么、到底在烦恼什么、到底在犹豫什么……只要知道对方的信息，就对以后的业务活动有利。为什么呢？因为业务只要能解决对方犹豫不决的点，就算成功了。

可见，生活中，那些所谓的“大仙”，得知的信息，都是我们自己告诉他们的，只是我们浑然不觉而已，而大师的精明之处就在于悄声无息地让你觉得他很了解你，从而愿意信任他。

心理小贴士

相信很多人都去算过命，你是否觉得算命先生果真厉害，似乎连你的前生后世都算得很精准？其实，你错了，算命先生并非会“算”，而是会“看”，会“听”，会“读”，会“猜”，在观察到你的一系列的躯体语言后，他们便能对你的情况进行一些了解，进而表现出会“算”的本领！

# 身体基本动作的产生根源

小于还不到30岁，但已经在心理学研究领域很有成就。尽管很擅长研究人的心理，但他却不善与人打交道，曾经有采访过他的记者这样描述他：“于医生与人说话时喜欢下意识地扶眼镜，偶尔还会双臂伸直，向下交叉……”

在谈到自己的人生经历时，他说：“我是个被保姆带大的孩子，在我的印象里，我的母亲就没有抱过我。她是个医生，每年都有做不完的手术，我可以肯定，她肯定亲过那些生病的孩子。有时候我在想，我生病了，她会不会亲亲我。后来，等我长大了一些，我经常自己走去她的医院，不过母亲依然没有时间理会我，我只得经常和护士们一起去食堂吃饭。没事的时候，我会拿母亲办公室的骨架玩玩，后来，我居然对这些可怕的东西产生了兴趣，于是，我开始翻看妈妈的那些医书。说来也奇怪，我居然慢慢看懂了，我发现，人真是奇怪的东西。后来，我无意中发现比人的身体更具有诱惑力的是人的思想和智慧。再后来，在报考专业的时候，我选择了心理学，而现在，我已经是一名心理专家了，只不过我更倾

向于写心理学著作而不是与患者们交流。我已经爱上了这一项富有魅力的思考活动。”

这里，我们能看出故事中的主人公小于是个害羞、不善与人打交道的人，所以他常常会表现出这样的动作——喜欢下意识地扶眼镜，偶尔还会双臂伸直，向下交叉……而他为什么会有这样的习惯性动作呢？从主人公的描述中，我们大致能看出原因——缺乏安全感。也就是说，人的身体的一些基本动作是有一定的根源的。

的确，我们不难发现，生活中，一个人即使在语言上能做到天衣无缝，但在体态语上做到不露痕迹是不可能的。因为当人的大脑有某种打算时，其思维活动会支配身体的各个部位发出各种细微信号，这是人们不能完全控制、也是难以充分意识到的。因此，通常来说，当我们走进一个熙熙攘攘的场合时，我们便能很快准确地描述出房间内各人之间的关系以及他们此时此刻的感受。在人类的口语尚未进化完全之前，通过他人的行为来解读他们的意见和想法，就是当时的人们所采用的最基本的交流方法。

大多数基本的交流信号都是全世界通用的。比如，当人们愤怒时，他们多半都会皱眉头或怒目而视；而当人们高兴时，他们会高兴或者开怀大笑。大多数情况下，人们点头都是用来表示赞同或肯定，其表现形式就是低下头。点头很有可能是一种天生的本能动作，因为那些生来就失明的人也懂得使用这一动作。和点头一样，摇头也是一种普遍的动作，其含义与点头相反，表示反对或否定。而与点头不同的是，摇头可能是人在童年时期通过后天的学习所掌握的一种动作。当婴儿吃饱了之后，他们会用摇头的方式躲避妈妈的乳房，从而拒绝妈妈继续喂奶。当小孩吃饱了以后，他们会用摇头的方式来抗拒送到嘴边的食物。于是，不知不觉中，孩子们学会了用摇头来表示拒绝或否定他人的做法和思想。

在人类的进化历程当中，一些面部表情和动作的根源可以追溯到远古时期。比如，大多数食肉动物会用微笑这种表情来传递危险的信号，但对

灵长类动物而言，这种表情却与危险无关，它传递的是一种表示妥协和屈服的信号。

龇牙和扩张鼻孔这两种面部表情源自于动物间的攻击行为，也是其他灵长类动物经常使用的最简单的表情之一。动物用龇牙露齿来警告对方，假如有必要，它们还会用自己的牙齿来保护自己或攻击对方。对人类而言，虽然我们并不会像动物那样用牙齿来攻击对方，但是在人类的身上也发现了类似的表情和动作。对人类而言，这一动作通常是由愤怒引起的。当一个人感觉到自己的身体或心理受到了威胁，或是认为某事不正确时，也会表现出这种表情。

当然，与有声的话语一样，有些看似相同的躯体语言也会因为文化差异的缘故而表示不同的含义。一个动作在某一特定的文化中也许很普遍，而且表意明确，假如置于另一种文化当中，它很有可能就只是一个没有任何意义的单纯的动作，甚至它表达的意义会完全不同于之前的含义。

**心理小贴士**

人类的躯体语言中，某些是全球通用的，某些则不是。因此，在研究人类的基本动作产生的根源时，需要考虑地域、文化等各个方面的因素，不能以偏概全。

# 为何我们更容易读懂孩子的躯体语言

这天，张太太对儿子小伟的老师抱怨道：“现在的孩子真是越大越难管教了，我都不知道我儿子一天在想什么。小时候，他一撒谎我就能看出来，因为他说完谎话后会立即用一只手捂住自己的嘴巴。现在，他明明每天放学后都去了游戏厅，却说自己去同学家做作业了，撒谎的时候是气定神闲，我都无法分辨了。搞得我现在经常挨个给他同学打电话，真怕孩子

学坏了啊……”

恐怕有很多家长都有张太太这样的烦恼，当孩子还小的时候，他们不开口，我们都能从孩子的一些躯体语言中看出他想表达什么，比如，他饿了会哭，摇头表示自己已经不想吃了，一撒谎就会脸红或者用手遮住自己的嘴巴……但随着孩子年龄的增大，当他们十几二十岁的时候，我们发现，我们再也无法理解孩子了，于是，我们产生这样的疑问：为什么孩子的躯体语言更容易理解？

心理学家曾表示：与年轻人相比，要想正确理解老年人的面部表情和动作似乎是一件非常困难的事情，这是因为老年人面部肌肉的伸缩能力比年轻人差很多。

完成某些动作和表情的速度，以及完成动作和表情的明显程度与每个人的年龄息息相关。例如，如果一个年仅5岁的孩子撒了谎，他很可能会在说完之后就立刻用一只手或双手捂住自己的嘴巴。

孩子捂住嘴巴的动作往往会提醒父母，孩子正在说谎。于是，聪明的父母会立即找出对策。你也可以通过这一方法对孩子实施家庭教育。比如，这天，你八岁的儿子放学回家后带来一个新玩具，他告诉你说这是他的一个很好的玩伴送他的，而你却很怀疑这一点，你担心玩具可能是他从学校“借”回来的，甚至是到店里顺手牵羊得来的。

你可以这么做：

孩子说谎时，他们会有很多简单的动作，如用手捂住嘴巴，甚至会结巴，避免与你目光接触，他会单调地陈述理由，以免事件败露。

如果你希望孩子爽快地认错，问问题时，别忘了要求孩子正视你，缓缓拉近距离并摸摸他，握住他的手，解除其防备和慌张。这种亲密互动能加深孩子说谎的不安，使其为了纾解压力而吐露真相。当孩子承认错误之后，别忘了坦白从宽，称许他的诚实。如果父母揭穿谎言后立刻动怒，孩子将认为说实话不是好事，而不再愿意认错。

当然，孩子撒谎时的动作也很有可能会贯穿一个人的一生，只不过在完成这一掩饰动作时，他所花的时间和速度都会发生变化。

如果撒谎的是一个十来岁的孩子，那么他也会像几岁的孩子那样，将手移到嘴边。不过，与之前迅速地遮住嘴巴不同的是，他只是将手指放在嘴边，轻轻地在嘴边摩挲着。

成年后，人们在年幼时养成的一撒谎就捂嘴巴的习惯动作的速度甚至变得更快了。当一名成年人说了谎话，他的反应和五岁的孩子以及少年说谎时的反应一模一样，将手向嘴巴的方向移去，就好像他的大脑向手发出了指令：捂住嘴巴，从而不让那些不真实的话语说出口。但是，只要你细心一点，你会发现，他的手并没有停留在嘴边，而是轻轻地触碰一下鼻子，然后又有意识地放下了，这就是一名成年人在试图掩饰谎言时经常会有的一种肢体动作，其本质和五岁孩童捂嘴巴的动作是一致的，只不过方式发生了改变而已。

因此，心理学家提出，随着人们年龄的增大，他们的肢体动作和面部表情也就随之变得不再那么明显。所以，同样是解读肢体动作和面部表情，假如对象是一名五岁的孩童，而不是一位50岁的中年人，那情况就会变得简单多了。

**心理小贴士**

在心理解析过程中，因为研究对象年龄的不同，对于同一心理活动产生的肢体动作和面部表情会有差异，而对于孩子的研究则简单得多。

## 一个人的姿势为什么会透露其潜意识

弗洛伊德指出：“潜意识是潜藏在我们一般意识下的一股神秘力量，是相对于‘意识’的一种思想。”其实，在每个人的体内都隐藏着一股神

秘的力量，那就是潜意识。令人奇怪的是，许多人并不知道或者说并不了解自己的潜意识。不过，作为旁观者，我们倒可以通过其在日常生活中表现出来的体态举止来洞悉对方的潜意识，从而达到摸清对方真实心理的目的。在日常交际中，大部分人在作出某些行为举止的时候，他们会下意识地想掩盖自己内心的真实想法，或者假意做出相反的举止来迷惑他人，不过，他的某些姿势还是可以泄露出潜在的思想。所谓“江山易改，本性难移”，一个人的性情，无论他如何掩饰都会在行为举止上一览无遗，这时，我们可以观察对方的体态表现来洞悉对方的真实心理。

星期天，小娜与朋友丽丽约在了咖啡厅，小娜很想跟朋友谈谈自己最近烦心的事情，希望能从朋友那里寻求到一点安慰。

刚见面，小娜的眼睛就红了，她开始哭诉自己的遭遇，而丽丽则一只手撑着脸颊，呆呆地望着小娜。小娜并没有注意到丽丽的这一动作，每当说到自己遭遇很惨的时候，小娜都会习惯性地说：“你说我倒霉不？”丽丽则会配合性地点点头，不过那撑着脸颊的一只手却一直没放下来。

小娜每次抬头看丽丽，发现她都是那样的动作，她猛然想起了自己昨天看过的一本名为《身体姿势透露他的潜意识》的书，书里介绍如果有人以这样的姿势对着你，那表示对方无法专心听你讲话，只希望你快点结束话题，或者轮到他发言。在很多时候，他也并不是真的有什么话要说，只是觉得你的说话很烦而已。

在那瞬间，小娜回忆起之前每次找丽丽说话的时候，她都是这样的姿势。小娜有些不好意思地说：“我说完了，最近你怎么样？你说说你自己吧。”果然，小娜刚说完，丽丽就将手放了下来，开始兴奋地谈起来了她最近的一次约会。

在和朋友谈心事的时候，如果他的姿态和丽丽一样用一只手撑着脸颊，那表示他是一个没有冲劲的人，他或许根本没仔细听你说话，只期待你早点把那烦人的谈话结束掉，然后他开始谈论自己的事情。事实证明，

小娜的猜测是正确的，丽丽虽然表面上没说什么，但潜意识里并不喜欢听小娜的哭诉，她更注重自己的感受。

在日常生活中，人们的躯体姿势还有很多，下面我们说到的一些体态，可能你经常见到，但你未必知道它们背后隐藏的真实想法。

1．手不停地抚摸下巴

在与你交谈的时候，如果对方用手不停地抚摸下巴，那表示他已经陷入了沉思中，连你说什么他都没听见。如果你对此表示怀疑的话，你可以试着问他你刚刚在说什么，他一定回答不出来。

他们总喜欢想东想西，但从来不会想到去算计别人，只是在某些时候会陷入思考的迷宫中。同时，他会是一个比较敏感的人，如果你想告诉他什么事情，不要暗示，而是直接告诉他即可，省得他胡思乱想。

2．叉腰姿势

在与人相处的时候，对方的姿势已经泄露了他对你的潜在态度，有的人潜意识里想给人留下这样的印象：身体强壮、沉着稳定，对别人的威胁不放在心上。对此，他们常常作做出叉腰的姿势。

3．拇指托着下巴，其余的手指遮着鼻子或嘴巴

这样的人很有主见，你在说话的时候，他总是用拇指托着下巴，其余的手指遮着鼻子或嘴巴，那表示他潜意识里根本不同意你的观点，只是不好意思说出来。他之所以做出这样的动作就是潜意识里怕一不小心会说出来。

当然，用手遮住嘴巴或鼻子，在心理上可能有两种情况：一是想反驳你；二是指你在说谎。如果你在说话的时候，对方保持这样的姿态，如果是他说话时遮住嘴巴或鼻子，那表示他“言不由衷”；如果是听你说话时他有了这样的动作，那就是不同意你的观点。

4．手掌向前推出

这样的动作经常出现在政治家身上，他们为了生存，需要对他人的

攻击保持时刻的警惕。如果你仔细观察一下那些政治家的演讲，你会注意到，他们在感到不安全的时候，常常会作出一些防御的手势。比如，将手横过身体，或许手掌向前推出，仿佛他们在躲避想象中的击打一样。

心理小贴士

在日常生活中，一个看似很普通的体态却包含着丰富的信息，其举止形态背后的潜意识才是我们所需要摸清的底牌。莎士比亚在《哈姆雷特》中说道：“一个人表面上笑眯眯，其实心怀叵测。”试想，一个采取防卫、对抗姿态而又面带微笑的人，他或许是想以假笑来麻痹你，同时还在算计着如何拆你的台。大量事实证明，一些体态语言并不是想象中的那样，就好像一个人对着你微笑，但其实他心里对你充满了怨恨。当然，如果我们不仔细观察，肯定不会洞察到对方的真实心理。

## 头部动作有什么含义

头部相当于人体的“司令”，它是口头语言和躯体语言的领导。由于头部集中了所有表情器官的神情，自然而然地，它也就成了人们关注、观察躯体语言的重点。心理学家认为，在一定程度上，要想了解一个人，观察头部所得到的信息应该是最准确的。

在美国某大学，有人作过这样一个试验：

让50名参加实验的大学生戴上立体声耳机，要求一半学生在听的时候，每一秒钟点一次头，另一半学生听的时候每一秒钟摇一次头。然后，教授在耳机里播放了一段广播，内容是要求增加学费。

教授让点头那组学生听的是阐述了很没有说服力的增加学费的理由，如增加学费可以开展小班授课；而摇头那组学生听的是很有说服力的理由，如增加学费可以在校园里种郁金香、请清洁工，如此可以美化校园。

结果，摇头那组学生的感觉是，摇头使他们对自己心中原有的反对意见产生了怀疑，反而不那么强烈地反对增加学费了；而点头那组的学生更加确定自己拒绝增加学费的想法。

这个有趣的实验告诉我们：一个人在点头的时候并不一定是同意别人，而有可能是进一步加强了自己原来的想法；一个人若是在摇头，并不一定是拒绝别人，而有可能是怀疑自己的想法，拒绝的意味并不那么强烈。所以，在生活中，当我们看到一个人在不停地点头的时候，不要误以为他是同意你的观点的；反之，当一个人在对你摇头的时候，他未必是最终拒绝你的那一位。

如此看来，要想看清头部动作中所隐藏的含义，并不像想象中那么简单。下面，我们就列举几种常见的头部动作，以此来判断对方正在想什么。

1. 头部上扬

在日常交际中，如果是初次见面，对方突然将头部上扬，那表示对方想说"在这里遇见你，真是令人惊讶"或者是"你怎么会出现在这种地方呢"。如果是在谈话过程中，对方突然有一个头部上扬的动作，那表示"我突然明白了你所说的话，而且，我对你的观点表示赞同"。

2. 头部转向另一边

有的人在交谈过程中，会把头部猛力地转向一侧，然后又恢复之前的位置，其实，这是头部的单侧摆动。他所表达的意思"我并不同意你刚才所说的话"或者"我拒绝你刚才提出的请求"。如果对方头部半倾斜地转向一侧，这所表示的是一种友好的姿势，意思是"我们关系还不错"。

3. 晃动头部

如果对方在跟你说一件事情的时候，不由自主地摇晃头部，那表示他正在撒谎，虽然他努力克制自己不要去晃动头部，但不能完全控制。如果对方的头部晃动得不是很厉害，那说明他正处于紧张状态中，或许是做错了什么事情，或者想背叛你，但一时找不到合适的理由。如果对方的头部晃动得很缓慢，那表示对方对你所说的话感到很吃惊，惊讶到需要晃动自

己的头部来使自己清醒。

4.头部下垂

在双方的交谈过程中，如果对方将头部下垂，或者呈现出低头的姿态，那对方所想表达的是“我在你面前压低了我自己”或者“我以压低自己的身份来抬高你”。如果恰恰你是对方的上级或长辈，那对方有可能是表达自己的消极情绪“我不会这样认定自己的”，再低下头，那表示“我的本意是友善的”。如果一个人把头部下垂，甚至，遮住了自己的脸部，那表示这个人内心比较自卑或许羞怯。

5.头部后仰

头部后仰这个动作经常会出现在那些势力小人的身上，他们经常会采取鼻子朝天的姿势，来表示对你的挑衅。他们总认为是高人一等，不自觉地就在他人面前流露出沾沾自喜的心理，当然，这样的姿势并不是友好的，而是恶意的。

**心理小贴士**

在生活中，一个人若是抱住头部那表示他正处于绝望之中。比如，在宣布政治选择结果的时候，失败的候选人会掩住自己的眼睛或嘴巴，甚至整个面孔，而且头部开始下垂，这是在阻止自己看到令人悲伤的结果。又比如，当球员射门时稍微射偏的时候，你通常会看到，他绝望地抱起了头。其实，他们做出这样的动作并不是为了抵抗物理意义上的打击，而是为了抵抗心理上的伤害。事实上，在这种情况下，足球运动员用手围住自己的后脑勺来慰藉自己这个动作，或许他自己并没有意识到这一点，他实际上是在重复妈妈的动作。在他还是一个婴儿的时候，妈妈经常会托起他的头。

# 第7章　心理效应的心理分析：心灵反应是否有规律可循

日常生活中，人们常常出现一些奇怪的心理现象，心理学家针对这些现象进行了一些实验和总结，并且得出了一定的结论。同时，这些心理效应被人们广泛运用到生活中的其他领域。我们在学习心理分析时，也要学会举一反三，那么你也会发现，很多看似深刻的现象，其实也是有规律可循的。

## 首因效应：完美的第一印象至关重要

有一位心理学家曾做过一个实验：把被试者分为两组，同看一张照片。他对甲组说：这是一位屡教不改的罪犯；对乙组说：这是位著名的科学家。看完后让被试者根据这个人的外貌来分析其性格特征。结果甲组说：深陷的眼睛藏着险恶，高耸的额头表明了他死不改悔的决心。乙组说：深沉的目光表明他思维深遂，高耸的额头说明了科学家探索的意志。

这个实验充分说明了第一印象在人际交往中的影响。这种影响是两方面的，如果第一印象形成的是肯定的心理定式，那么在日后的相处过程中，人们会逐渐发现其很多美好的品质；如果这一心理定式是否定的，那么则会使人在后续的了解中发现其诸多不好的品质。

这就是心理学上常说的“首因效应”。“首因效应”讲的是人与人之

间第一次交往时给对方留下的印象，在对方的脑海中形成并占据着主导地位，一旦形成很难改变，直接影响着此后的接触和交往。

所谓第一印象，指的是人们在短时间内，根据一些片面的资料对某些人、事、物产生的印象。第一印象一般都是先入为主的，并且，这种印象带有明显的主观倾向，还会直接影响到以后的一系列行为。

第一印象效应是一个妇孺皆知的道理，为官者总是很注意烧好上任之初的“三把火”，平民百姓也深知“下马威”的妙用，每个人都力图给别人留下良好的“第一印象”。

为此，在人们的日常交往中，尤其是与别人初次交往时，我们一定要注意给别人留下美好的印象。

有时候，第一印象可以决定一个人的前程甚至命运。首因效应体现在先入为主上。这种先入为主给人带来的第一印象是鲜明的、强烈的、过目难忘的。对方也最容易将你给他的第一印象存进他的大脑档案，难以磨灭。虽然我们也知道仅凭一次谈话就给对方下结论为时过早，并不完全可靠，甚至还有可能会出现很大的差错，但是，绝大多数的人还是会下意识地跟着感觉走。所以说，我们若想在人际交往中获得别人的好感和认可，就应当给别人留下良好的第一印象。

可见，在结交朋友的时候，第一印象总是十分重要的。为此，根据首因效应，在与人初次交谈的过程中，我们需要这样做来让对方产生积极正面的印象：

1. 注意穿着打扮，塑造美好的气质

对于很多人来说，良好的气质是给别人留下美好的第一印象的前提。因为引起别人关注的首先是视觉。

当然，选择衣服的时候一定要选适合自己整体形象的衣服，比如，肥瘦长短要适合自己的身材，还要适合自己的整体形象。当你的穿着打扮到位了之后，你的气质自然就显露了出来。

2. 多使用礼貌语

俗话说："礼多人不怪"，"你好""谢谢你""对不起"和"请"这些礼貌用语，如使用恰当，对调和及融洽人际关系会起到意想不到的作用。如"谢谢"，无论别人给予你的帮助是多么微不足道，你都应该诚恳地说声"谢谢"。正确地运用"谢谢"一词，会使你的语言充满魅力，使对方备感温暖。当然，道谢时要及时注意对方的反应。对方对你的感谢感到茫然时，你要用简洁的语言向他说明致谢的原因。对他人的道谢要答谢，答谢可以"没什么，别客气""我很乐意帮忙""应该的"来回答。

3. 在你的语言中注入正面积极的情感

你说出的每一句话都是你精神面貌的体现，要开朗、热情，让人感觉随和亲切，平易近人，容易接触。另外，在说话的时候，你应放松心情，保持自己的既有特点而不要故意矫揉造作。而有的人在亮相时语言气势逼人，跟人接触时过分热情……这样故作姿态，不仅会令别人难受，就连自己也觉得别扭。

心理小贴士

心理学家研究表明，在人际交往过程中，第一时间留下的印象非常重要，与一个人初次会面，45秒钟内就能产生第一印象。这一最先的印象会对他人的社会知觉产生较强的影响，并且在对方的头脑中形成并占据着主导地位。一般情况下，一个人的体态、姿势、谈吐、衣着打扮等都在一定程度上反映出这个人的内在素养和其他个性特征。

# 近因效应：不良印象要尽快消除

生活中，我们常听到人们这样评价别人："第一眼见他，觉得他蛮不错，谁知道接触下来才发现……""我还以为他是个木讷的人，其实他和

熟悉的人交往的时候还是蛮活泼的。”人们的评价为什么会前后不一？这是因为近因效应的作用。而何谓近因效应呢？

可能对于绝大多数人来说，“第一印象效应”这个说法很熟悉，而“近因效应”这个词则显得陌生。其实，这个词理解起来并不难。我们知道，不管什么事情，都有着不同的阶段：初段——发生，中段——发展，最后——结尾。

心理学上将近因效应定义为：交往中最后一次见面或最后一瞬给人留下的印象，这个印象在对方的脑海中会存留很长时间，不但鲜明，且能左右整体印象。

近因效应在我们的现实生活中是常见的，你是否看到过：两个好朋友为一点意见、误会而翻脸甚至断交；常年来往，亲密得不分你我的两个家庭，为一件小事闹矛盾，甚至大动干戈，从此断绝来往。而产生这类现象的原因之一，就是受到近因效应的影响。

近因效应有利有弊，在不同的情况下，你需要对近因效应的作用辩证对待，宗旨是避免不利近因效应的影响，利用积极近因效应的作用，从而为我们赢得好的印象奠定基础。

所以，在与人交际的过程中，我们一定要学会充分利用首因效应和近因效应，两者都要重视，才能让别人真正喜欢我们。而假若你给对方的第一印象并不好，你一定要尽快消除，具体来说，你可以这样做：

1. 尝试沟通

即使你带给别人的第一印象不好，也不要因此忧心忡忡，只要你能尝试多沟通，不动声色地表现自己良好的一面，就能让他人对你产生进一步的了解，就能化解误会，重新建立别人对你的好印象。

2. 注重后期维护

在沟通后，你更要注重持续地维护自己的状态。绝对不能让人觉得你的热情只有三分钟热度。这也是人们往往更喜欢经常和自己保持联系、维持关系的人的原因。

因此，你不妨平时打个电话，偶尔送个小礼物，有时间互相走动一下。由于你们是一直处在交往的状态，在你有需要帮助的时候提出请求就不显得突兀了。反而那些刚认识的时候很热情，事后长时间不联系，有需要帮助的时候突然找上来的人，会让人们觉得自己像是被利用了，每个人都难免产生抵触心理：我不是你招之即来挥之即去的人。会经营人际关系的人，一定会注重平时关系的维护。

总之，在与人交际的过程中，我们要善于运用一些心理策略，尽量做到让别人喜欢你。如果你在与人初会的过程中，犯下了某种错误，或是表现平平的话，可以在分手之前，做一个良好的表现，以改变对方对你原来的印象。只要你的表现得体，不管原先的表现如何，都可以获得补救，甚至给人留下永生难忘的印象！

**心理小贴士**

心理学上认为，能强留在人的记忆中的是最初的和最后的记忆。也就是说，第一印象固然重要，但随着交往的深入，印象会逐渐发生改变。事件的不同阶段，被接受的印象很有差异，只有最初和最后的印象深刻。因此，与人打交道的过程中，如果给对方的第一印象不够好，或者在双方的交往中曾遇到了不快，我们应该巧妙地运用近因效应，在最后时刻，挽回局面，达成谅解，给对方留下好印象。

## 刺猬效应：保持一定的人际距离

很久以前，生物学家为了研究刺猬的生活习性做了一个实验：

寒冬腊月，生物学家将十几只刺猬放到了屋外，寒冷的刺猬们为了能取暖，只好抱在一起，但是它们浑身长满刺，只要它们一靠拢，就会被对方身上的刺扎到，进而不得不分开。

天气实在很冷，它们冻得受不了，就又靠在了一起，但又会被刺到，它们不得不再度分开。于是，它们不得不重复这样的过程，不断地在受冻与受刺之间挣扎。最后，聪敏的刺猬终于找到一个方法，那就是保持适中的距离，这样既可以相互取暖，又不至于被彼此刺伤。

这就是心理学上的“刺猬法则”。刺猬法则强调的就是人际交往中的“心理距离”。你是不是遇到过这样的情况：原先与你无话不谈的朋友，现在却翻脸为敌，不仅不来往，甚至反目成仇。之所以会这样，原因很简单，因为你们太过亲近了！

我们都知道，经常接触是维护人脉的一个重要举措，两个初相识的人，如果不加联系，那么，他们的关系和陌生人也没有多大区别。然而，人与人之间的关系一定要注意度，即使再亲密的两个朋友，也都需要有个人空间。如果你为了结交友谊而占有了对方的私人空间，恐怕就事与愿违了。

俗话说得好：“距离产生美。”这是一个美学命题，但确有一定的道理。两个人之所以成为朋友，必当是有一定的相容性。但人也是单独的个体，是需要一定的个人空间的，如彼此连一点点个人空间都没有的话，那时间久了也会生厌，所以这时就需要营造一个距离。

的确，距离是一种美，也是一种保护。感情容易滋养人心，也会轻易伤害人心，不管是血浓于水的亲情，还是海誓山盟的爱情，都可能在不经意间刺痛对方。

因此，朋友间相处，彼此都需要一定的空间和距离，走得太近，很容易忽视说话、做事的分寸，甚至口无遮拦，导致彼此关系的紧张。

那么，在人际关系中，根据刺猬效应，我们该如何与他人保持距离呢？

1. 亲密有间，疏而不远

与人交往，关系太疏远，会使人产生沟通障碍，出现彼此陌生的反应；关系太亲近了，又会使人感到厌倦、疲劳甚至反感。有些人有事没事就把朋友约出来，也不询问一下朋友是否真的愿意，这不但干扰了朋友的

工作、休息和生活，还会让朋友觉得厌烦。合适的交往距离，应该是交往既不要过多也不宜过少，应该把握在双方都感觉恰如其分的范围内。

2. 认知上也应该保持一定的差距

我们常常犯的一个错误，就是把自己的想法强加给他人，以为对方的想法与自己一致，实际情况并非如此。每个人都是单独的个体，所接受的教育和所处的生活环境都是不同的。因此，与朋友交往时一定不要自以为是，以为自己所想就是朋友所想，这样做只能适得其反。

3. 君子之交淡如水

在人际交往中，很多人认为与别人的交往越亲密越好，其实不然。如果你不注意保持距离，把握分寸，就可能会在人际交往中受到伤害。比如，你应避免陷入办公室斗争中去。因为你和你周围的同事都保持着相当的距离，这样你既不属于这一派，也不属于另一派，别人也不会轻易地伤害你。

所以，面对微妙的人际关系，我们应提倡“友如作画须求淡”的态度。君子之交淡如水，朋友间过分的亲昵会让其他同事与朋友感觉相对的疏远，影响和他人的正常关系。只有亲密有间的关系，才是恰当的交往关系。留出距离就是给彼此的感情腾出一个足以盛放的空间。为何有朋自远方来不亦悦乎？远方的距离承载了更多的向往和更多的牵挂，距离换取的是更多的珍惜而不是摩擦。

我们需要注意的是，与人交往应保持距离，也要把握好度，与朋友相处，如果距离过大，很容易使朋友间的友情变淡。尤其是在日益忙碌的现代社会，人们都为自己的事业和家庭奔波。紧张的工作之余，如果几个朋友一起聚聚能加深感情，但要是彼此都抽不出时间来，即使关系再好的朋友，友情也会逐渐变淡，甚至变成路人。所以，为了保存你们之间的友情，为了让你的人生不再孤寂，那就遵循这一原则——好朋友之间也要适度保持距离。

**心理小贴士**

所谓的“保持距离”，说到底就是不要过于亲密，不要让对方觉得没有了私人空间。当然，这种距离，不仅仅是形体距离，还包括心理距离。最好的处理效果是要达到形体疏远而心灵越加贴近。因为“保持距离”能使双方产生一种“礼”，有了这种“礼”，就会相互尊重，避免碰撞而产生伤害。

# 自己人效应：表达相似性

1858年，林肯在竞选美国上议院议员的时候，在伊利诺伊州南部进行演说。那些蓄养黑奴的恶霸们平时对废奴主义者就非常仇恨，当然对林肯到此作反对奴隶制的演说之举恨之入骨，并发誓只要他来就置他于死地。演说之前，林肯说：“南伊利诺州的同乡们，肯特基的同乡们，听说在场的人群中有些人要和我作对，我实在不明白为什么要这样做，因为我也是一个和你们一样爽直的平民，那我为什么不能和你们一样有着发表意见的权利呢？好朋友，我并不是来干涉你们的人，我也是你们中间的一人，我生于肯特基州，长于伊利诺州，正和你们一样是从艰苦的环境中挣扎出来的，我认识南伊利诺州的人和肯特基州的人，也想认识密苏里的人，因为我也是他们中的一个……”

林肯根据听众的情况，通过简短的几句话就将自己和听众联系在一起，让听众产生“认同感”，他的话竟把可能面对的敌对怒视变为大声喝彩，据说还有打算与他作对的听众成了他的好朋友。

这里，林肯运用的就是心理学常用的“自己人效应”。所谓“自己人”，是指对方把你与他归于同一类型的人。“自己人效应”是指对“自己人”所说的话更信赖、更容易接受。

生活中，我们常常发现，同样一个观点，如果是自己喜欢的人说的，

接受起来就比较快和容易。如果是自己讨厌的人说的，就可能本能地加以抵制。有道是："是自己人，什么都好说；不是自己人，一切按规矩来。"这在心理学上叫作"自己人效应"。

因此，与人交往中，我们若要与他人搞好人际关系，就不能不强化"自己人效应"。强化"自己人效应"，从你这个角度而言，就是要使他人确认你是他们的"自己人"。

与人交往之初，如果你能主动表明你和对方在价值观、态度、兴趣以及其他某些方面相近或者相同的话，那么，就会让对方感觉到你们是同一类人，进而能拉近彼此间的心理距离，最终形成良好的人际关系。

为此，你可以这样制造"自己人效应"：

首先，善于观察，捕捉对方的信息，把握真实的态度，寻找其积极的、你可以接受的观点。这里，你需要做到：

1. 察颜观色，寻找共同点

人们的内心世界，包括其精神追求、爱好、生活品质等，都或多或少地要在他们表情、服饰、谈吐、举止等方面有所表现，只要你善于观察，就会发现你们的共同点。

当然，这察颜观色发现的东西，还要同自己的情趣爱好相结合，自己对此也有兴趣，打破沉寂的气氛才有可能。否则，即使发现了共同点，也还会无话可讲，或讲一两句就"卡壳"，或"对牛弹琴"，打动对方更是无从谈起。

2. 揣摩谈话，探索共同点

为了发现对方与自己的共同点，可以在同对方谈话时留心分析、揣摩。比如，假如你发现对方和你讲共同的家乡话，你可以以此为突破口，以乡音带动对方的谈话兴趣。

其次，寻找时机，恰到好处地向对方表明你们是"自己人"：

1. 多强调你们之间的共同爱好和兴趣

若与对方有共同点，就算再细微的也要强调，人与人之间一旦有了共同点，就可以很快地消除彼此间的陌生感，产生亲近的感觉。这样不但可以使对方感到轻松，同时也具有使对方说出真心话的作用。

如果对方喜欢集邮，那么你可以对对方说："我对邮票也非常有兴趣，可是一直不知道如何收集和分类，您能给我一些好的建议吗？"如果对方打扮比较时尚，那么，他可能对时尚潮流信息比较关注，如此一来，当你在跟对方沟通时就不怕没有话题，也比较容易拉近关系。

2. 多关心对方，从细节入手

一个贴心、懂得关心他人的人一般更容易获得认同感，而该认同感的产生，表明你已经赢得了对方的好感。通常情况下，如果你将这种好感搁浅，你们会返回到陌生人的状态。因此，你不妨多关心对方，这样与对方的关系自然会深化。

**心理小贴士**

通常情况下，人们在接触陌生人的时候，都是抱有防备心态的，如果我们在正式交往之前先做个"热身运动"，向对方表达与之共同的爱好、兴趣或者价值观等，那么便能更容易获得他的好感，接下来的交流也就容易得多。

# 焦点效应：让他做"焦点"

心理学家基洛维奇在康奈尔大学做了一个实验，他让某个大学生事先穿上一件名牌衣服，然后让这个学生走进教室。在进入教室前，这名学生认为班上肯定有过半的学生会注意他，但令他意想不到的是，结果只有23%的人注意到了这一点。

这个实验说明，我们总认为别人对我们会备加注意，但实际上并非如此。由此可见，我们对自我的感觉的确占据了我们世界的重要位置，我们往往会不自觉地放大别人对我们的关注程度，而且通过自我的专注，我们会高估自己的突出程度。

现在你来想一下，你是不是曾经因为自己在派对上摔了一跤而懊恼很久？你是不是曾经因为在公共场合发型没梳好而觉得很丢脸？回答都是“是”。那么，你也是个渴望做焦点的人。实际上，并没有人注意到这一点，这是焦点心理在作怪，我们完全没必要这么紧张。有实验表明，其实我们（不是公众人物的情况下）并不是那么受人关注。但从人的这一心理，我们可以得出一个获得他人好感的秘诀——满足他人成为焦点的心理。

这就是心理学中的焦点效应。这是人类的普遍心理，即把自己当作一切的中心，且高估了外界对自己的关注，这是心理学中所公认的一个事实——人都是以自我为中心的。

其实，这在日常生活中也是非常常见的。比如，同学聚会时拿出集体照片，每个人基本都在第一时间找自己，的确每个人也都在照片中首先找到了自己。又比如，我们跟朋友聊天的时候，会很自然地将话题引到自己身上来。每个人都希望成为众人关注的焦点，被众人评论，这就是焦点效应在生活中的体现。

社交生活中，无论出于什么目的的交往，我们都要懂得做足“预热”工作。特别是对于陌生人，如果我们一味地说自己的事，对方必然觉得乏味，而如果说对方的事，对方则更愿意听，交谈也必然更顺利。

一位销售人员奉上司之命，要和另一公司谈合作之事。

这天，他来到对方的公司，敲开李总经理办公室的门。李总当时正在忙手上的其他事，便让他先坐在沙发上稍等。他静静地坐了下来，观察了一下李总的办公室：在李总的办公桌上是一个很大的书柜，隐约地，他看见这些书柜里好像摆放了很多书，然而最显眼的还是那幅博士服的照片。

实际上，在来之前，他已经作好了资料收集，这个李总和一般的博士不一样，他是通过自学考上大学，然后一步步走到今天的。这时，这位销售人员对李总的敬意涌上心头。

当他观察完李总的办公室后，李总已经忙完了，他对李总说：“李总，您是博士毕业啊？您的事迹我听过一些，很让人敬佩，您是博士又掌管着这么大的一个公司，国内像您这样的董事长可不多啊！”李总一听，立刻哈哈大笑：“哪里，哪里，过奖了……”于是，李总开始讲起了自己以前的辛酸故事。

不一会儿，他就带着李总进入商业正题，他今天来的目的就是将公司积压的那批货卖给王总的公司，以解决财政危机。但是，当他如实报出了上司订的价格时，李总的脸色马上就变了，这时他看出了不对劲，于是他又说：“李总，照片上的字是您写的吧，真有气势，你对书法肯定也很有研究吧？”

李总一听，说道：“过奖了……我以前……”

最后，这笔生意很快就谈成了，而他也成了李总的朋友。

这名销售人员是聪明机智的。刚开始，他利用的就是通过满足对方的心理需求，肯定对方的能力和充满心酸的历史，来拉近和对方之间的距离，在冷场的时候，他再次强化了对方这一需求。试想，如果一开始他就直接将正题放在工作上，大谈对方和自己合作的好处，那估计他谈判的过程也不会如此顺利。

事实上，生活中，我们与人相处的时候，并不需要处心积虑地讨好对方，也不需要毫无瑕疵地语言奉承，因为这些都不及让对方做焦点人来得更有效。

**心理小贴士**

每个人都想成为焦点，每个人都想博取别人的关注。我们承认，这是一种心理弱点，但却是普遍存在的。我们在日常交际的过程中，在处理人际关系的过程中，一定不能忽视这种客观存在的“焦点心理”，一定要试着让别人多做焦点。

## 马太效应：不必苛求百分百的公平

《新约·马太福音》中有这样一个故事：

从前有一个国王，他要进行一次远行，在出门前，他交给他的三个仆人三锭银子，并吩咐他们说：“这些钱是我给你们做生意的本钱，等我回来时，你们再带着赚到的钱来见我。”

过了一段时间，国王回来了，他的第一个仆人说：“陛下，你交给我的一锭银子，我已赚了10锭。”国王很高兴并奖励了他10座城池。

第二个仆人报告说：“陛下，你给我的一锭银子，我已赚了 5 锭。”于是国王便奖励了他5座城池。

第三个仆人报告说：“陛下，你给我的银子，因为我害怕丢失，所以我一直包在手巾里存着。我因为怕丢失，所以一直没有拿出来。”

国王一听，气不打一处来，便将第三个仆人的那锭银子赏给了第一个仆人，并且说：“凡是少的，就连他所有的，也要夺过来。凡是多的，还要给他，叫他多多益善。”

后来这一现象被人们称为“马太效应”。

社会心理学上也经常借用这一名词。马太效应，所谓强者越强，弱者越弱，一个人如果获得了成功，什么好事都会找到他头上。态度积极主动执着，那么你就赢得了物质或者精神财富，获得财富后，你的态度更加强化了你的积极主动性，如此循环，你才能把马太效应的正效果发挥到极致。

事实上，在我们的生活中，马太效应也处处存在。比如，在一个班级里面，那些学习上的尖子生，老师就会认为他们在其他方面也是优秀的，并对他们抱以很高的期望。于是，在这种激励下，他们的表现会越来越好，而那些学习成绩差、调皮的学生，就会受到老师的冷落、同学们的孤立等。

再如，那些成功者，在积极的心态的作用下，他们的事业会越做越强，而那些碌碌无为的人，他们常常抱怨世界不公平。的确，生活中，我们总是强调人人平等、公平竞争等，但实际上，这个世界上是没有绝对的公平的。人的心理常常受到伤害的原因之一，就是因为觉得每件事都应当公平。而其实，我们完全没有必要苛求绝对的公平，这是一种不明智的做法。

根据马太效应，我们在遇到不公平的事时，需要明白：

首先，要关注自己，不要总是将注意力放在别人身上，而是应该学会关注自己，这样，就不会因为比较而出现不公平的心态了。

其次，多关注生活中快乐的事。这时，你会发现，你的心情豁然开朗。生活中的诸多快乐正一件接一件迎面而来，即使不是一个好天气，你都会感到内心的喜悦。

总之，你一定要明白，这个世界上，总是有这样那样不公平的事，没有百分之百的公平。越是苛求所谓的公平，你就越会觉得自己正在遭受不公平的待遇。所以要摆正心态，不必事事苛求百分百的公平，否则就是自己和自己过不去。

**心理小贴士**

马太效应（Matthew Effect），是指一种好的愈好，坏的愈坏，多的愈多，少的愈少的现象，广泛应用于社会心理学、教育、金融以及科学等众多领域。也许在你的眼睛里，很多事都是绝对的，你希望能得到绝对公正的待遇，而实际上绝对的公平是不存在的。因此，我们一定要学会摆正自己的心态，要注重自己的生活，而不要把眼光放在他人的表现上，否则只是徒增烦恼而已。

# 刻板效应：不要总是以老眼光看待他人

有个学习成绩不好的小学五年级学生，非常喜欢猫，平时对猫观察得非常仔细，对猫的生活习性、爱好等了如指掌。在一次自选题的作文中他写了一篇题目是《我和我的小花猫》的作文。结果，语文老师却认为这是他抄袭的。

为什么会这样呢？究其原因是这个语文老师患了“印象病”，也就是心理学上的“刻板效应”。它又称定型效应，是指人们刻印在自己头脑中的关于某人、某一类人的固定印象，以此固定印象作为判断和评价人所依据的心理现象。

苏联社会心理学家包达列夫，做过这样的实验。他将一个人的照片分别给两组被试看，照片的特征是眼睛深凹，下巴外翘。给甲组介绍情况时说“此人是个罪犯”；给乙组介绍情况时说“此人是位著名学者”，然后请两组被试分别对此人的照片特征进行评价。

评价的结果，甲组被试认为：此人眼睛深凹表明他凶狠、狡猾，下巴外翘反映其顽固不化的性格；乙组被试认为：此人眼睛深凹，表明他具有深邃的思想，下巴外翘反映他具有探索真理的顽强精神。

为什么两组被试对同一照片的面部特征所作出的评价竟有如此大的差异？原因很简单，是因为人们对社会各类的人有着一定的定型认知。把他当罪犯来看时，自然就把其眼睛、下巴的特征归类为凶狠、狡猾和顽固不化，而把他当学者来看时，便把相同的特征归为思想的深邃性和意志的坚韧性。

刻板效应实际就是一种心理定势。例如，我们常会认为：老年人是保守的，年轻人是爱冲动的；北方人是豪爽的，南方人是善于经商的；英国人是保守的，美国人是热情的等。

刻板印象一经形成，就很难改变。因此，在日常生活中，我们一定要考虑到刻板印象的影响。例如，市场调查公司在招聘入户调查的访员时，一般都应该选择女性，而不应该选择男性。因为在人们心目中，女性一般

来说比较善良、较少攻击性、力量也比较单薄，因而入户访问对主人的威胁较小；而男性，尤其是身强力壮的男性如果要求登门访问，则很容易被拒绝，因为他们更容易使人联想到一系列与暴力、攻击有关的事物，使人们增强防卫心理。

刻板印象毕竟只是一种概括而笼统的看法，并不能代替活生生的个体，因而“以偏概全”的错误总是在所难免。如果不明白这一点，我们在与人交往时，就会出现一些判断上的失误，那么，我们该如何避免刻板效应呢？

对此，我们要注意以下几点：

（1）要用发展地眼光看待他人。古语有云：“士别三日，当刮目相看”，历史经验值得汲取。任何人、任何事都不是一成不变的。我们要告诫自己：我们不能一成不变地用老眼光看待他人，而要用发展的眼光看待他人。

（2）要全面地看待他人。有时候，我们看待他人，对他人产生刻板印象，是因为我们只看到了对方的某个方面或者某些方面，而没有全方位地了解一个人。因此，我们只有从多方面、多层次着手，才能逐步消除对一个人的刻板印象。

（3）要客观地看待他人。人不可貌相，海水不可斗量。我们看人的时候，不要因为对方的出身、相貌、年龄、性别等因素而认定其好坏，要实事求是地、客观公正地评价。

（4）一是要善于用“眼见之实”去核对“偏听之辞”，有意识地重视和寻求与刻板印象不一致的信息。

**心理小贴士**

在社会心理学中，这种用老眼光看人所造成的影响，称为“刻板效应”。它是对人的一种固定而笼统的看法，从而产生一种刻板印象。刻板效应有时候是一种偏见，在与人交往中，我们一定要警惕刻板效应，不能因为个人偏见而影响了对他人的判断，也不能让下意识的行为影响到人际关系。

# 鲶鱼效应：有竞争才有进步

心理学上有个“鲶鱼效应”。关于这一效应，有这样一个由来：

在北欧的挪威，人们都喜欢吃沙丁鱼。

一般来说，活鱼会比死鱼贵得多，沙丁鱼也是如此，所以，当地的渔民为了让沙丁鱼回到渔港，想尽了各种方法，但收效甚微。

奇怪的是，在这些渔船中，有一条渔船总是能让大部分沙丁鱼活着回到渔港。船长严格保守着秘密，直到船长去世，谜底才揭开。

原来，船长在装满沙丁鱼的鱼槽里放进了一条以鱼为主要食物的鲶鱼。鲶鱼进入周围充满沙丁鱼的鱼槽后，由于环境陌生，便四处游动。沙丁鱼看见陌生的鲶鱼，自然十分紧张，每一条鱼都四处躲避，加速游动。这样沙丁鱼缺氧的问题就迎刃而解了，沙丁鱼也就不会死了。这样一来，一条条沙丁鱼欢蹦乱跳地回到了渔港。

这就是著名的“鲶鱼效应”的由来，“鲇鱼效应”告诉我们，竞争可以激发人们内在的活力。

竞争，在字典里是这样解释的：为了自己的利益而跟别人争胜。良性竞争是发展自己、提高自己的动力。人类社会，本身就是一个竞争性的社会。知识经济的到来，使得人们的竞争意识更为强烈，可以说，我们生活的周围，无时无刻不存在着竞争。因此，对于我们每个人来说，都应该认识到竞争的重要性，要培养自己的竞争意识，当然，最为重要的是，我们要有正确的竞争心态。只有具备正确的竞争心态。才能在竞争激烈的世界中保持爱的意识，否则，你会变成一个冷酷无情的人。

面对竞争比你能力强的竞争对手，你有怎样的心理呢？是嫉妒还是欣赏？是大声叫好还是不屑一顾？尤其是你平日与他相处得很紧张、很不快乐的人成功了，如果这时候你为他鼓掌，会化解对方对你的不满和成见，改变他对你的态度。从此，他也会给予你支持。人都是这样，死结越拧越

紧，活结即使复杂，却也容易打开。

事实上，很多人在面对竞争对手的时候，采取的是打击的方法，其实，这样做还不如化敌为友、化干戈为玉帛。想把对手变成朋友，就要舍得为他“付出”。当对方陷入困境的时候，你要保持冷静，不能见机踹他一脚；当你成功的时候，不要在对方面前趾高气扬，要克制自己不流露出得意，做到这些就是“付出”，勇敢的“付出”。

的确，因为这些竞争对手的存在，我们才更具奋斗力和活力，才会有危机感，才会有竞争力。所谓“狭路相逢勇者胜”，正是由于他们，才使你认识到自己的不足，才使你认识到要发展自我，才使你认识到社会乃至整个世界每时每刻都在进步，在前行。对手就犹如一面镜子，能激励你去不断学习，不断发展。

总之，正因为有了对手，概能帮我们认清自己，又使得我们的生活不会像白开水一样平淡乏味，而是变得美丽、变得七彩斑斓；正因为有了对手，我们才不会像人工养殖的鲜花一样弱质纤纤，而是变得越来越坚强；正因为有了对手，我们才能享受到真正的快乐。那么为何不道声“感谢对手”呢？

**心理小贴士**

竞争的力量会让一个人发挥出巨大的潜能，创造出惊人的成绩。每个人在树立竞争意识的同时，更要有正确的竞争意识。因为对手的存在，并不仅仅是个威胁，在很多时候，他还是激励你进步的“伙伴”。因此，如果你也能以这样的心态对待对手，那么，对手就不是你的敌人，而是你的朋友了。

## 投影效应：以己度人

投射效应是指将自己的特点归因到对方身上的倾向，即以己度人，

认为自己具有某种特性，对方也一定会有与自己相同的特性，于是，便把自己的感情、意志、特性投射到对方身上并强加于人的一种认知障碍。比如，一个善良的人认为对方也是善良的，一个敏感多疑的人，则往往会认为别人都是不怀好意的。投射效应使我们对他人的知觉产生失真，我们在对他人形成印象时，有一种强烈的倾向就是假定对方与自己有相同之处，但实际上对方所具备的特性与自己却是全然不同的。由于投射效应更倾向于以自己是什么样的人来知觉他人，而不是按照被观察者的真实情况进行知觉，因此，投射效应是一种严重的认知心理偏差，它会给正常的人际交往带来严重的负面效应。所以，在日常交际中，我们需要克服这样的心理，善于从言谈比较中挖掘对方的欲望点，使对方“欲求不满”，如此才能达到影响对方心理的目的。

1964年，刚从海军学校毕业的吉米·卡特，遇到了海军上将里·科弗将军。当将军让他谈谈自己的事情的时候，吉米·卡特为了获得里·科弗将军的喜欢，骄傲地谈起了自己在海军学院的成绩，他说自己在全校820名毕业生中，名列第58名。他自认为将军听了他的成绩后一定会对他刮目相看，没想到将军却没有任何反应地问道：“你尽力了吗？为什么不是第一名？”这句话让吉米·卡特不知道如何回答。

吉米·卡特与将军的对话验证了错误投射现象带来的负面影响。心理学研究发现，在日常生活中，人们总是不自觉地把自己的心理特征强加在对方的身上，认为自己是这样想的，对方也应该有同样的想法，并试图通过这样的想法去影响他人，最终却适得其反。

1. 通过言语比较洞悉其心理

如果自己喜欢吃火锅，你可以试着询问：“你觉得火锅怎么样？”假如对方回答：“火锅还行吧，我倒觉得牛排挺不错的。”通过言语比较，对方所中意的应该是牛排而不是火锅；假如对方回答：“我最喜欢火锅了。”那么，他的喜好应该和你差不多。

2. 自己的喜好无法正确衡量别人

俗话说："物以类聚，人以群分。"这就是人们心理活动的一种折射，在投射效应的驱使下，人们的行为常常有失偏颇，继而不能更好地影响他人心理。比如，你自己很喜欢吃西餐，并不代表对方也喜欢吃西餐。因此，我们在交际中不要以自己的喜好来衡量别人，这样造成的结果只会适得其反。

3. 利用惯性思维

税务员假装不相信地问道："唉，据我所知你没有这个本事。"店主有点生气："什么？我没有那个本事？这算什么呀！自从今年来，我哪个月不卖个两万多呀！""那好，你先把这几个月所漏的税额补交了吧！"税务员说道。这里，税务员所使用的就是惯性思维，利用其欲望点洞悉其心理。

心理小贴士

投射效应主要有两种表现形式：一是感情投射，也就是认为对方的喜好与自己有相同之处，继而按照自己的思维方式，试图来影响对方；二是缺乏客观性的认知，他会以自己的价值判断去过度地赞扬喜欢的人，或者贬低厌恶的人。其实，投射效应告诉了我们一个道理，即每个人的心理都是不同的，我们不要以己心度人，而是应该在言谈比较中挖掘出对方的欲望点，准确投射，这样才能有效地打动人心。

# 第8章 经典心灵规律：为什么有些人能轻松影响别人

在生活中，有一些经典的心理效应，如权威效应、禁果效应、光环效应等。这些效应看上去跟我们现实生活相差甚远，但是，我们却忘了去思考：为什么有的人可以轻松地影响到别人？其实，这就是那些人善于利用各种心理效应，通过心理去影响别人的言行的结果。

## 微笑效应：快乐更容易打动人心

一个售货员的心情很好，于是，她给了顾客一个亲切的微笑，顾客的心情也变好了，回到家，给儿子一个微笑，儿子的心情也变好了，回到学校给所有的同学一个微笑，微笑就这样一直传下去了。这就是心理学中著名的微笑效应。心理学家通过研究得出了这样一个结论：如果你决定提高自己的社交技巧，决定结婚或者至少跟一个人住在一起，决定追求有意义的目标并且在过程中、在小事上享受快乐，那么你的幸福感就能提升10%～15%；如果你能不吝惜自己的微笑，亲和地对待他人，那么你的幸福感就能提升20%～25%。微笑，能够撩动人心，让人亲近。有时候，一个微笑，就是一个和善的信号，可以缩短心灵之间的距离，消除误解、疑虑和不安，使他人有一种被尊重的感觉，满足他人最大的心理需求。

曾听教授讲述了这样一个故事：

有一天，忧虑者向智者请教："尊敬的人间智慧者，告诉我吧，如何才能让我跳出忧郁的深渊，享受欢乐呢？"智者微笑着说："那你就学会微笑吧，向你每天所见的一切。"忧虑者感到很奇怪："可是，我为什么要微笑呢？我没有任何微笑的理由呀。"智者回答道："当你第一次向人微笑时，不需要任何理由。"忧虑者问道："那么，第二次微笑呢？以后我都不需要任何理由就微笑吗？"智者笑着说："以后，微笑的理由会按它自己的理由来找你。"于是，忧虑者走了，他按照智者的指引，去寻找微笑。

半年过后，一个满脸微笑的人来到智者面前，他告诉智者："我就是半年前那个忧虑者。"然而，这个过去的忧虑者此时满脸阳光，嘴角总是挂着真诚的微笑。智者问道："现在，你有了微笑的理由了吗？"曾经的忧虑者说道："太多了，当我第一次试着把微笑送给那位我曾见过无数次面的送报者，他居然还我同样真诚的微笑，我发现天是那么蓝，树是那么绿。"说完，他又开始讲述自己的经历："当我第二次把微笑送给那位不小心把菜汤洒在我身上的侍者的时候，我感觉到了他发自内心的感激，感受到了那份温情，而这份温情驱散了积聚在我内心的阴云。后来，我不再吝惜我的微笑，我把微笑送给了那些孤行的老人，送给天真的孩子，甚至把这份美好送给那些曾经辱骂过我的人。我发现，我收获了那些多于我所付出几倍多的东西，这里面有赞美、感激、信任、尊重，还包含着一些人的自责和歉意，而这都是人间最美好的感情。这让我变得更加自信，更加愉快，我更愿意付出微笑。"智者微笑着说："你终于找到了微笑的理由，假如你是一粒微笑的种子，那么，他人就是土地。"

美国总统华盛顿曾说："一切的和谐与平衡，健康与健美，成功与幸福，都是由乐观与希望的向上心理产生与造成的。"原一平是日本的一位保险推销员，虽然他只有1. 53米的个子，并且刚开始从事保险员这项工作的他几乎连一分钱的保险都没有拉到，然而，每天他依然精神抖擞，一路上，不断地用微笑和那些擦肩而过的行人打招呼。由于原一平的微笑总能

感染到别人，后来他成为了日本历史上最出色的保险推销员，而他的微笑被评为“价值百万美元的微笑”。

心理小贴士

原一平的微笑如此神奇，不仅能给顾客带来欢乐与温暖，同时也给自己带来了巨额财富和一世英明。其实，对于我们来说，在这个世界上，每一个发自内心的微笑，往往都具有神奇的力量。威尔科克斯说：“当生活像一首歌那样轻快流畅时，笑颜常开乃易事，而在一切事都不妙时仍能微笑的人，才活得有价值。”微笑是种子，谁播种微笑，谁就能收获美丽。

## 目标效应：向目标靠近才是向成功聚拢

从前，有一个盲人琴师，他的师傅告诉他：“每弹断一根弦，你就在琴体上划一条线，划至100条线，就可以得到治盲的秘方了。”从此以后，盲人琴师就开始顽强地弹琴，几十年后他终于划足了100条线，他打开师傅留下的秘方，原来只是一张白纸。不久之后，琴师就离开了人世。

由于心理目标作用让盲人琴师支撑了几十年，这就是心理学上著名的目标效应。目标效应是指个体为达到一定目标而产生出意志力量。对于即将告别人世的人来说，为了与外出的儿子见最后一面，这一个目标所造成的心理作用甚至可以推迟死亡，这就是目标效应在起作用。目标效应是一个积极的效应，一旦我们确立了明确的目标，就会朝着这个目标不断地前进，直至达到这个目标。在现实生活中，许多人缺乏主动性，讨厌生活，其实就是缺失了目标效应。

一场突然而来的风暴，让一位独自穿行大漠的旅行者迷失了方向，更可怕的是装干粮和水的背包也不见了。他翻遍了所有的衣袋，只找到了一

个泛青的苹果，他惊喜地喊道：“哦，我还有一个苹果。”他擦着那个苹果，艰难地在大漠里寻找着出路，可是，整整一个昼夜过去了，他仍然没有走出茫茫的大漠。饥饿、干渴、疲惫，使得他好几次都觉得自己快支撑不住了，于是他看一眼手中的那个苹果，抿了抿干裂的嘴唇，陡然又添了几分力量。他又开始继续跋涉，心中不停地默念着：“我还有一个苹果，我还有一个苹果……”三天后，他终于走出了大漠，而那个始终未曾咬过一口的苹果，已经干枯得不成样子了。

在我们人生的旅途中，常常会遭遇到各种困难与挫折，但是，请不要轻易地放弃什么。其实，人生就如沙漠，而苹果就是我们的信念与目标。在追求目标的过程中，遇到了困难要努力坚持，因为目标与信念可以战胜一切的恐惧。在追寻目标的过程中，我们既需要有危机意识，更需要有坚定的目标，只有这样我们才能稳步前进，最后达到自己的人生目标。

某大学有一个非常著名的关于目标对人生影响的跟踪调查，调查对象是一群智力、学历、环境等条件差不多的年轻人。通过调查发现：27%的人没有目标；60%的人目标模糊；10%的人有清晰但比较短期的目标；3%的人有清晰且长期的目标。

此项调查进行了长达25年的跟踪，发现那些调查对象的生活状况以及分布现象都十分有意思：那些占3%有清晰且长期目标的人，25年来几乎不曾更改过自己的人生目标，25年来他们一直朝着同一个方向努力。25年后，他们几乎成为了社会各界的顶尖级成功人士，在他们当中有白手起家的创业者、行业领袖、社会精英；那些占10%有清晰但比较短期目标的人，在25年后，他们大多生活在社会的中上层，在他们身上有着共同的特点：那些短期目标不断被达成，生活状态稳步上升，成为了各行业的不可缺少的专业人士，他们的职业大多是医生、律师、工程师等；其中占60%目标模糊的人，25年后他们大多生活在社会的中下层，他们能够安稳地生活与学习，但没有什么特别的成绩；剩下27%没有目标的人，25年来，他们几乎都生活在社会的最底层，而且生活得很不如意，常常失业，需要靠社会救济，喜欢怨天尤人。

这个统计数据告诉我们：也许你现在与别人差距不大，那是因为你们距离起跑线不远，而不是你比别人聪明，或者说上天眷顾你。你是属于那10%、60%还是剩下部分，只有你自己最清楚。不过，希望你能努力成为那10%的目标清晰的人。有人曾这样说，一个人无论他现在多大的年龄，其真正的人生之旅，是从他设定目标那一天开始的，之前的日子，只不过是在绕圈子而已。要想获得成功，我们就必须拥有一个清晰而明确的目标，目标是催人奋进的动力。如果你缺失了目标，即使你每天不停地奔波劳碌，却还是无法获得成功，而成功者之所以能轻松地走到成功，那是因为他们的目标明确。

**心理小贴士**

一个没有目标的人就像是一艘没有舵的船，永远过着飘泊不定的生活，只会到达失望和丧气的海滩。为什么许多人即使付出了艰辛的努力，但还是无法成功？其实，这是因为他的目标总是模糊不清或者根本没有实际可行的目标。在生活中，一旦我们确立了清晰的目标，也就产生了前进的动力，所以，目标不仅仅是奋斗的方向，更是一种对自己的鞭策。有了目标，我们就有了生活的热情；有了积极性，也就有了使命感和成就感。有清晰目标的人，他们的心里感到特别踏实，生活也很充实，注意力也随之神奇地集中起来，不再被许多烦恼的事情所干扰。他懂得自己活着是为了什么，所以，他的所有努力都是围绕着一个比较长远而实际的目标进行，步步走向成功。

# 权威效应：让对方更容易认可自己的观点

权威效应，有时候也被称为权威暗示效应，是指如果一个人地位高、有威信，就会受人敬重，而他所说的话以及所做的事情就很容易引起别人重视。正所谓“人微言轻，人贵言重”，通过权威效应，我们暗示给对方这样的信息：这可是权威人士的话语，绝对是不容置疑的。给予对方心理一定的压力，迫使其相信这是正确的，从而达到影响他人心理的目的。

其实，权威效应之所以普遍存在，是基于两方面的原因：一方面在于满足了人们的崇拜心理，通常情况下，威信、权势对于人们来说是一种强大的吸引力，普遍存在的崇拜心理使人们对那些权威人士所说的话深信不疑；另一方面，由于人们都有“安全心理”，他们认为权威人物才是正确的楷模，听信他们的言论会使自己更具有安全感，增加不会出错的“保险系数”。所以，在日常交际中，我们要善于利用权威效应，暗示对方认可自己的想法。

哈佛大学心理系的一堂课上，心理学教授向同学们介绍了一位特别来宾“比尔博士”，教授告诉学生：“比尔博士是世界闻名的化学家，今天来这里是要做一个实验。”然后，比尔博士从皮包里拿出一个装有液体的玻璃瓶，告诉同学说：“这是我正在研究的一种物质，它的挥发性很强，当我拔出瓶塞，它马上就会挥发出来，但是，它完全无害，气味很小，当你们闻到气味时，请立即举手示意。”

说完之后，比尔博士就拿出了一个秒表，并拔出瓶塞。一会儿工夫，只见学生们从第一排到最后一排都依次举起了手。心理学教授告诉学生们：“好，同学们，实验到这里就结束了，但是，我不得不告诉你们的是，比尔博士只是我们学校的一位老师化装的，而那个瓶子里装的物质只不过是蒸馏水。”听了教授的话，哈佛大学的学子们一个个面面相觑：刚

才做实验的时候，自己明明是闻到了一种气味呀，这是怎么回事呢？看到学生一个个满脸疑惑的样子，教授告诉他们："这是因为你们刚才受到了'比尔博士'的暗示，他是世界闻名的化学家，所以你们相信他的言论，他暗示瓶子里装的是一种他正在研究的物质，气味很小，所以，你们就相信了，似乎还闻到了那种特殊物质的气味。"

本来那只是没有任何气味的蒸馏水，但是，"权威"比尔博士的语言暗示却让许多学生都相信它有气味。这个实验，体现了人们所具有的"安全心理"，同时，也体现了"认可心理"，他们总认为自己的言行要与权威人士保持一致，他们觉得：只有相信权威人士的言论，自己才能得到各方面的认可。于是，在这两种心理的促使下就诞生了权威效应。

哈佛大学心理专业的学生吉姆找了一份兼职，他需要照顾独居的威尔森太太，并帮她做一些家务。吉姆十分热情，做事情也很认真负责，深得威尔森太太的信任。一天晚上，威尔森太太敲响了吉姆的门，说道："吉姆，很抱歉这么晚来打扰你，我的安眠药吃完了，怎么也睡不着觉，不知道你身边有没有？"吉姆睡眠很好，从来不吃安眠药，突然他灵机一动，对威尔森太太说："上星期我朋友从法国回来，刚好送我一盒新出的特效安眠药，我这就找出来，您先回去，我一会儿给您送过去。"听到了吉姆说"特效安眠药"，威尔森太太点点头。

等威尔森太太走后，吉姆找出了维生素片，送到了威尔森太太的房间，告诉她："这就是那种新出的特效药，您吃了之后一定睡个好觉。"老太太高兴地服下了那粒"特效安眠药"。第二天，太太对吉姆说："你的安眠药效果好极了，昨晚我吃完后很快就睡着了，而且睡得很好，好长时间没有这么舒服地睡觉了，那种特效安眠药你能不能再给我一些？"吉姆只好继续让老太太服用维生素片，一年之后，威尔森太太还经常念叨吉姆的"特效安眠药"。

吉姆不过是用了一粒维生素片，就让威尔森太太进入了梦乡，这就是

心理暗示的作用。由于老太太平时对吉姆十分信赖，而且，听说是“法国带回来的特效安眠药”，在权威效应的强烈心理暗示作用下，使得威尔森太太相信服用了“特效安眠药”产生了应该有的效果。

**心理小贴士**

日本有位心理学家这样说：“当我们的大脑处于半意识状态时，是潜意识最愿意接受意愿的时刻，此时来进行潜意识的接收工作是再理想不过的了。”相传，南朝的刘勰写出《文心雕龙》后由于无人重视，他想请当时的大文学家沈约审阅，但沈约却不予理睬。后来他装扮成卖书人，将作品送给沈约。没想到沈约阅后评价极高，于是《文心雕龙》便成为中国文学评论的经典名著了。在现实生活中，利用权威效应能够引导对方或改变对方的态度和行为，暗示对方认可自己的想法，从而达到影响他人心理的目的。

## 邻里效应：有效缩短心理距离

《南史》里记载了这样一个故事：一个叫宋季雅的人，为了自己能有个好邻居，不惜以昂贵的房价买了一幢房子。有人说这样太贵，宋季雅却说：“不贵，这一百万元是买屋，另外一千万元是买邻居的。”俗话说：“远亲不如近邻。”宋季雅之所以愿意花高价买房子，是希望自己有个好邻居，而有了好邻居，就相当于为自己增添了左膀右臂。在现实生活中，我们大部分的朋友不是同学就是同事，要么就是邻居了，心理学家认为：人们总是能够比较方便在同学、同事或邻居中找到意中人。对此，美国社会学家巴萨德曾在20世纪20年代作了一份研究，在美国费城，他研究了5000份结婚申请书，通过研究发现：至少有三分之一的夫妻，婚前都曾住在5个街区之内的范围中，这就是心理学上著名的“邻里效应”。事实上，每个人对自己的邻居或多或少都有一份亲切感，我们可以利用邻里效应向

对方传递心理暗示，那么做事自然就容易了。

邻里效应就是指所处环境的特点可以影响人们的思想和行为方式，它经常用来解释某些地理类型。产生邻里效应来源于两方面的原因：一是由于人们普遍存在一种建立和谐的人际关系的期望，他们渴望与邻居建立友好的关系，这一期望促使他们尽量避免与邻居发生不愉快的事情。同时，当人们在看待他人的时候，多倾向于看到对方积极的一面，而忽视其消极的一面，这为邻里效应的产生创造了良好的开始。二是由于人们在交际过程中，总是试图以最小的代价换取最大的报酬，而和邻居交往比和那些距离较远的人交往所付出的代价要小得多。由于邻里效应，生活里经常会出现一些“近水楼台先得月”的事情，为此，来自哈佛大学的心理学家曾做过这样一个实验：

20世纪50年代，美国心理学家对麻省理工学院17栋住宅进行了一次调查。被调查的住宅区大多是二层楼房，在每一层都有5个单元住房，通常每一天都会发生“哪个单元的老住户搬走了，新住户搬进去了”的事情，因此，此次调查具有随机性。调查开始，心理学家向所有住户问了同样一个问题：在这个居住区中，和你经常打交道的最亲近的邻居是谁？通过调查数据显示，那些居住距离越近的人，他们的交往次数越多，自然关系就越亲密。心理学家以精确的数字统计说明了这一结果：在同一层楼里，与隔壁邻居交往的概率是41%，与中间相隔一家的邻居交往的概率为22%，与中间相隔了三户的邻居交往的概率却只有10%。当住户之间相隔的距离越远，他们的亲密程度就越低。虽然实际距离并没有增加多少，但是，其亲密程度却有很大的不同。

无论是心理距离还是实际距离，交往越多，彼此之间的关系就越亲密。因此，有位心理学家曾这样告诫哈佛学子：“如果你想追一个女孩子，千万不要每天都给她写信，因为她有可能因此而爱上邮差。”由此可见，要想与人建立亲密关系，我们就要善于利用“邻里效应”，向对方暗示彼此有着极为熟悉的

关系，以此影响对方心理。如此一来，对方对你定会增加亲密度，他对你的印象就会深一些，这一效应常常被我们用于求人办事中。

一句“咱们是邻居嘛”一下子拉近了两人之间的心理距离，话语中暗示着彼此之间的熟悉关系，那么，办事自然就没有问题了。邻里效应的产生是非强迫性的，是他人在心理暗示作用下做出的主动行为，是通过彼此的交谈在不知不觉中发生的情感和行为变化，因此，邻里效应还会产生出“社会感染”这样一种社会心理机制。

**心理小贴士**

任何一个人都不能完全摆脱“情不自禁”受感染的现象，于是，在现实生活中的许多场合，邻里效应都会在人们心中不知不觉地起着重要的作用。在与他人的交际过程中，我们要善于利用邻里效应，增加你与他人的亲密度，通过语言或行为向对方暗示互相亲密的关系，与之建立和谐的人际关系。当你主动跟别人打招呼时，应主动与他建立联系，是在心中少一点心理设防，邻里效应自然会发挥出理想的效果。

## 轰动效应：给人一个深刻的印象

芭芭拉·瓦尔特斯曾说：“在你的一生当中，总有一些时候可以毫不夸张地说命运取决于给人留下什么样的印象——其中包括寻求配偶的阶段和谋职期间。在这种时候，你是不甘屈居第二位的。”在日常生活中，我们常常会遇到一些交际障碍，与初次见面的陌生人交往时；即使自己作过自我介绍了，但对方似乎忘记了，毫不理睬自己。为什么会出现这样的情形呢？之所以出现交际障碍是源于你给对方留下的印象不够深刻，在对方心里没有达到轰动的效果，因此，他很有可能会忘记你的一些信息。那么，如何给对方留下一个深刻的印象，以此来影响他人心理呢？有的人故意做出一些轰动的事情，来衬托自己的“出场秀”，这就是心理学上的

“轰动效应”。

轰动效应，即通过一个引人注目的事件，达成轰动的社会效应。比如，一个俊秀的年轻人，偏要找个最丑的女子，让别人吃惊，或者有人故意做出荒唐事情，以造成社会轰动。轰动效应的形成，主要来自两方面：一是依靠媒体传播，二是依靠口头传播。通过传播形成了轰动效应，从而提高了自己的知名度。轰动效应又有主动与被动之分：为了达到自己的某种目的，而形成的轰动效应称为“主动”；无意之间被媒体或头口传播而形成的称为“被动”。在日常交际中，我们可以运用主动的轰动效应，以达到给他人留下深刻印象的目的。

一位心理学教授经常讲述这样一个故事：在巴黎，有一位才华横溢的年轻画家，但是，一直以来，他默默无闻、一贫如洗，连一张画都卖不出去。而在巴黎，画店的老板都只寄卖名人的作品，年轻的画家根本没有机会让自己的画进入画店出售。虽然，这位年轻的画家多次恳求画店老板寄卖自己的作品，但是，每次老板都以“你不是名家”为理由而拒绝他。

有一天，画店来了一位顾客，向老板热切地询问有没有那位年轻画家的画。画店老板支支吾吾，拿不出画来，只好据实相告，最后只能遗憾地看着顾客满脸失望地离去。在之后的一个多月里，画店里不断有顾客来询问年轻画家的事情，画店老板开始为自己的过失感到后悔，他多么渴望再次见到那位原来如此“有名气”的画家。就在老板非常着急的时候，那位年轻的画家出现在了画店老板的面前，年轻画家成功地拍卖了自己的作品，并因此一夜成名。

原来，当那位年轻画家兜里只剩下十几枚银币时，他想出了一个聪明的方法：他用钱雇佣了几个大学生，让他们每天去巴黎的大小画店四处转悠，每人在临走的时候都要询问画店的老板：有没有这位画家的画？哪里可以买到他的画？而那位充满智慧的年轻画家就是毕加索。

毕加索用钱雇佣了几个人为自己传播“名气”，在画店老板面前刻意

营造出“名家”的印象，如此一来，给画店老板留下了深刻的印象，使毕加索的画得以成功地拍卖出去，并因此一夜成名，这就是一个典型的“轰动效应”。其实，有时候一些名人的事件经过了媒体传播，往往也会形成轰动效应。张国荣因抑郁而跳楼自杀，引起了轰动；英国王妃戴安娜因车祸死亡，在世界引起了轰动。另外，有的轰动事件却是因出奇的事件而引起的。

舟舟在出生后一个月，父亲就被医生告知儿子是医学上被称为不可逆转的中、重先天愚型患者，这一消息给家庭带来了巨大的悲痛。但是，父亲并没有放弃舟舟，在他两三岁的时候，父亲就带着他泡在排练厅里，舟舟的逻辑思维能力很差，但形象思维能力却很强。长年待在排练厅里，使他对指挥家先生观察得相当细微。舟舟大约六岁的时候，一次排练休息，乐手门在休息时与舟舟开起了玩笑：“舟舟，想不想当指挥？”“想！”舟舟爬上了指挥台，举起了指挥棒，惟妙惟肖地学起了指挥家的动作，下面的乐手门随着指挥棒演奏了起来。

1997年，湖北电视台在对舟舟进行长达十个月的跟踪采访拍摄之后，诞生出一部长达六十分钟的纪录片《舟舟的世界》。顿时，舟舟在武汉成为了知名人士，然而，戏剧化的变化还在后面。1998年底，中国残联的刘理事长打电话给舟舟，邀请他参加1999年元月在北京举行的残联新春晚会。在残联新春晚会上，舟舟与赫赫有名的中央芭蕾舞剧院交响乐团合作，完美地演绎了这一次指挥。之后，舟舟除了在全国巡回演出，还去美国指挥了世界顶级乐团——美国国家交响乐团、辛辛那提交响乐团，震撼了全美国。

舟舟出奇的指挥家天赋，使他成就了影响整个世界的轰动效应，他留给人们的印象是无比深刻的。他曾与施瓦辛格手牵手进入人民大会堂，舟舟哪传奇般的音乐人生让首次来中国的施瓦辛格十分感动，这位慈善大使当场捐款15万美元，而香港影帝刘德华搂着他深情地唱了一曲《你是我的一片希望》。同时，舟舟给无数个了解他事迹的人带来了久违的感动。

心理小贴士

轰动效应的心理基础，是人们对新奇事物的兴趣冲动和对名人事件的关注冲动。弗洛伊德曾说："传播轰动事件可以宣泄心理能量，达到心理平衡。"在日常交际中，每个人都需要刺激，需要激情，需要宣泄情绪的渠道，而传播轰动事件则成为了人们普遍存在的心理共性。所以，我们可以为自身营造出适当的"轰动效应"，给他人留下深刻的印象。当然，我们在运用轰动效应的同时，应该利用其积极的一面，这样才能达到理想的效果，从而影响他人心理。

## 幽默效应：愉悦的体验令对方心花怒放

在一次白宫钢琴演奏会上，美国总统里根正在讲话，夫人南希不小心连人带椅跌落在台下的地毯上。下面的观众发出了惊叫声，南希却很快从地上爬起来，在几百名来宾的热烈掌声中回到自己的位置上。这时，里根说话了："亲爱的，我告诉过你，只有在我没有获得掌声的时候，你才应该这样表演。"

幽默是人际交往中的润滑剂，在心理学中，幽默效应是一种防御机制。在日常交际中，不可避免地会出现困难或尴尬的场景，这时候，幽默就成为了最好的和谐剂我们可以运用一些诙谐的手法，达到自我解脱、摆脱尴尬的目的，营造出和谐美好的气氛，从而与他人建立友好的关系。幽默在我们的日常生活中，几乎无处不在，尤其是在交际场上，更是成为不可缺少的调剂品。幽默，能使人心情开朗、愉悦乐观，不仅给别人送去欢笑，而且能使整个人际关系变得更和谐；幽默是精神的缓冲剂，可以淡化矛盾，消除彼此之间的误会，使遭遇困境的一方摆脱困境，有效地化干戈为玉帛。可以说，幽默在人们生活中的重要性，不亚于人们对阳光、水和

空气的需要。

有一次，林肯正面对着观众滔滔不绝地进行演讲。突然，在人群中一位不知名的先生递给他一张纸条。林肯接过了纸条，不假思索地打开纸条一看，纸条上竟然写着这样的两个字“傻瓜”。当时，在林肯旁边的人已经看到了这样两个字，他们都盯着林肯总统，看他如何来处理这样公然的挑衅。在许多人目光的注视下，林肯略一沉思，微微一笑说：“本人已经收到许多匿名信，全部都只有正文，不见署名，而今天却正好相反，在这一张纸条上只有署名，却缺少正文！”话音刚落，整个会场上便响起了阵阵掌声，大家都为林肯的机智和幽默而鼓掌。那位“署上名字”的先生低下了头，混入了人群中。整个会场气氛由紧张变为轻松，演讲继续进行。

对于疲软的人们来说，幽默就是休息；对于烦恼的人们来说，幽默就是解药；对于悲伤的人们来说，幽默就是安慰；对所有的人来说，幽默则是一种力量，一种在社交场合化险为夷的力量。在日常交际中，幽默是智慧与知识的综合体，即使自己处于四面楚歌的绝境时，或者处于受人非难的尴尬场面时，幽默都可以帮助你摆脱“危险”，脱离“尴尬境地”。

歌德有一次到公园里散步，这时迎面走来一位曾经对自己的作品提出尖锐批评的批评家，批评家看到了歌德，立即高声喊道：“我从来不给傻子让路！”歌德微笑着说：“而我正好相反。”一边说着，一边满脸笑容地站在一旁，让那位批评家先走。在这里，歌德的幽默避免了一场无谓的争吵，同时还消除了自己的愤怒与烦恼，并充分显示了自己的心胸和气量。

心理小贴士

在日常交际中，我们经常会不可避免地遇到一些尴尬的局面，诸如，自己在生活中陷入一种沮丧悲观、烦恼惆怅的不良情绪中不能自拔，给没有礼貌的对手一个不失风度的回击，在这样的情况下，幽默都是你最好的选择。幽默在社交场上是离不开的，它能使严肃紧张的气氛变得轻松，能让人感觉到你的温和与善意，而且对方会很容易对你产生好感。总而言之，在社会交际中，谁具有了幽默的细胞，谁就能驰骋于社交场合，如鱼得水，轻松自如。

## 登门槛效应：更容易获得对方的答允

心理学家D．H．查尔迪尼代替某慈善机构做一次募捐活动，他对一些人说了一句话“哪怕一分钱也好”，对另外一些人却什么也没有说，结果这些人的募捐要远远高于另外一些人。心理学家认为，在通常情况下，人们都不愿意接受较高较难的要求，这主要是因为这很费时费力而又难以成功。相反，人们乐意接受一些微不足道的要求，因为很容易就完成了，在接受了较小的要求之后，人们才慢慢地接受较高较难的要求，这就是登门槛效应对人们心理的影响。登门槛效应，也称得寸进尺效应，是指一个人一旦接受了他人的一个微不足道的要求，为了避免认知上的不协调，或想给他人以前后一致的印象，就有可能接受更大的要求。这种现象就好像登门槛时需要一个台阶一个台阶地登，最后很容易就登到了高处。其实，每一个人都希望自己在他人面前保持形象一致，这是基于内心的心理需求，换而言之，他们不希望自己成为那种反复无常的人。由于这样的一种心理，我们巧妙地运用登门槛效应，稳步推进，最后与他人达成共识。

1966年，美国哈佛大学心理学教授弗里德曼与助手弗雷瑟做了这样一个现场实验：实验者让助手到两个居民区劝人们在房前竖一块写有“小

心驾驶”的大标语牌。在第一个居民区向人们直接提出这个要求，结果遭到很多居民的拒绝，接受的仅为被要求者的17%。在第二个居民区，先请求各居民在一份赞成安全行驶的请愿书上签字，这是很容易做到的小小要求，几乎所有的被要求者都照办了。几周后再向他们提出竖牌的要求，结果接受者竟占被要求者的55%。

同样都是竖牌的要求，却产生了截然不同的结果，为什么呢?

心理学教授弗里德曼说：“人们拒绝难以做到的或违反意愿的请求是自然的，但是他一旦对某种小请求找不到拒绝的理由，就会增加同意这种要求的倾向。”当我们向对方提出一个较小的请求时，对方没有办法开口拒绝，否则，这就显得太不近人情了。于是，对方答应了这个请求，这就好像跨越了一道心理上的门槛，当我们又一次提出较高的请求时，由于这个要求与前面一个请求存在着继承的关系，对方就很容易地接受了。

1984年，东京国际马拉松邀请赛中，日本选手山田本一夺得了世界冠军，有记者问他是如何取胜的，他只说了一句：“我是用智慧战胜对手的。”当时，许多人都认为山田本一是故弄玄虚，因为智慧对马拉松来说并不会有什么帮助，大家觉得他的说法有些勉强。

两年之后，意大利国际马拉松邀请赛在米兰举行，山田本一代表日本参加了此次比赛，并再次获得了世界冠军。比赛结束后，记者们又一次问到先前的问题，山田本一依旧回答：“用智慧战胜对手。”这次，记者们并没有挖苦他，只是仍旧不明白他所谓的智慧是什么。直到十年之后，山田本一在自传中详细地回答了这个问题：“每次比赛前，我都会先把比赛的路线仔细地看一遍，并且把沿途比较醒目的标志记下来，比如，第一个标志是银行，第二个标志是一棵大树，第三个标志是一座红房子……就这样一直记到赛程的终点。等到真正比赛时，我会奋力地向第一个目标冲刺，等到达第一个目标后，再用同样的速度跑向第二个目标。这样一来，不管多远的赛程，只要分解成几个小目标，我就可以轻松地跑完全程了。”

山田本一用极其简单的道理解释了“登门槛效应”，对此，哈佛告诉我们：任何目标的实现都是一个循序渐进的过程，不可能一蹴而就，它需要人们一步一个脚印，一步步实现每一个小目标，这是获得成功的关键。当我们想要说服对方的时候，不要指望一步就能成功，而应一步一步稳步推进，这样更容易与对方达成共识。对一个推销员来说，当他能够令顾客打开门，并跟顾客展开交谈时，他已经取得了一个小小的进步；在这样的情况下，说服顾客看一看自己的产品，这又将是一次进步；最后，他再向顾客提出“购买产品”的要求，这会令顾客比较容易接受。

**心理小贴士**

当我们要向对方提出一个比较大的要求时，可以先不直接提出，因为这个要求很容易被对方拒绝。在这时，我们可以先提出一个较小的要求，一旦被答应，再提出那个较大的要求，这时候才会有更大要求被接受的可能性。无论是求人办事还是说服对方，我们都应该降低要求的门槛，令其产生登门槛效应，使对方欣然接受我们的请求，达成一定的共识。

## 海格力斯效应：轻松化解对方的敌意

生活中经常出现这样的现象：由于误解或嫉妒，两个人有了矛盾。这时候，如果你想报复对方，就会加深对方对你的仇恨，可能导致的结果就是他会挖空心思加害于你，更加恶毒地报复你。在这样一个过程中，你心中的敌意越深，那么，对方对你的报复可能就会越狠毒，直到两败俱伤，这样的现象延伸出来就是“海格力斯效应”。用最简单的话说，海格力斯效应就是“以牙还牙，以眼还眼”，或者是“以其人之道还治其人之身”，如果你总是跟我过不去，那么，我就会让你不痛快。哈佛告诉学

生：在人际交往中，要尽可能避免海格力斯效应，让彼此之间的敌意消失不见。

海格力斯效应是一种人际互动，它是一种人际或群体之间存在的冤冤相报，致使仇恨越来越深的社会心理效应。在日常交际中，如果我们深陷海格力斯效应，那么无异于陷入无休无止的烦恼之中，这样，我们会错过路边许多美丽的风景，失去了真正的快乐，人际关系也将无法取得较好的效果。

海格力斯效应源于希腊神话的一个故事：

海格力斯是一位英雄大力士，有一天，他在一条坎坷不平的路上走着，突然，他看见了路边有一个鼓起的袋子，样子十分难看。海格力斯对其产生了厌恶之情，他用力踩了那难看的东西一脚，谁料，那东西不仅没有被海格力斯一脚踩破，反而膨胀起来，并不断地增大体积。海格力斯本来就对那东西充满了厌恶，心想：自己可是英雄力士，怎么可能输给这个难看的东西呢？海格力斯越想越生气，心中积压了一团怒火。

于是，他顺手操起路边的一根碗口粗的木棒朝那个怪东西砸去，谁承想这个东西在重力之下愈加膨胀起来，竟然把前面的路都堵死了。海格力斯纳闷极了，这是什么怪东西啊，不过，因为自己使完了全身的力气，所以已经没有别的办法了。这时，一位圣者走到海格力斯面前，对他说：“朋友，快别动它了，忘了它，离它远去吧。它叫仇恨袋，你不惹它，它便会小如当初；你若侵犯它，它就会膨胀起来与你敌对到底。”

每个人内心的仇恨就如海格力斯所遇到的那个袋子，刚开始，我们忽视它的时候，它看起来很小，如果在这时，我们继续忽略它，那么深植于内心的矛盾就会被化解开了，仇恨自然会消失；如果你总是与它过不去，甚至对它产生了怨恨之情，那么仇恨就会加倍地报复于你。所以，为了避免海格力斯效应，我们应该忽视内心的仇恨，尽可能地忘记它，这样，我们的社交之路才会更通畅。

心理小贴士

人一旦受到了恶性刺激，心里就会产生不良情绪，而自己也会陷入无休无止的烦恼之中。在人际交往中，不管是对复仇者还是被报复的人来说，双方都没有真正的胜利者。因此，我们应该拒绝海格力斯效应的出现，学会宽容，懂得忍耐。以怨报怨是社会一种效用最差的选择，这很容易让我们陷入冤冤相报无了时的泥潭。有时候，忍耐不是退让，而是一种力量。只有忘记了仇恨，学会宽容，我们才能与人和睦相处，才会赢得他人的友谊与信任，才会赢得他人的支持与帮助。

# 特里法则：主动承认错误

美国田纳西银行前总经理L. 特里曾说：“承认错误是一个人最大的力量源泉，因为正视错误的人将得到错误以外的东西。”由这句话引申出来的就是著名的心理学法则——特里法则。俗话说“金无足赤，人无完人”，谁都难免会犯一点小错误，而且，每个人都存在着这样的心理：犯错误的时候，脑子里总是想着隐瞒自己的错误，害怕自己承认错误之后会觉得没有面子。其实，有这样的心理是正常的，但是为了能够从错误中获得另外一些有用的东西，我们应该克服这样的心理。

卡耐基从家里步行一分钟就可以到森林公园，因此，他经常带着自己的小猎狗雷斯去公园散步。由于平时在公园很少碰到人，而雷斯看起来很友善，所以，卡耐基常常不给雷斯系狗链或者戴口罩。

有一天，卡耐基在公园遇到了一个警察，警察看见雷斯既没有系链子也没有戴口罩，就十分严厉地说：“你为什么让你的狗跑来跑去而不给它系上链子或戴上口罩？你难道不知道这是违法的吗？”卡耐基低声回答：“是的，我知道，不过，我认为它不至于在这儿咬人。”警察提高了嗓门：“你不认为！你不认为！法律是不管你怎么认为的，它可能在这里咬死松鼠或小孩。这

次我不追究，假如下次再让我碰上，你就必须跟法官解释了。”卡耐基照办了，但是，雷斯不喜欢戴口罩，卡耐基自己也不喜欢这样做。

又一天下午，卡耐基正和雷斯在山坡上赛跑，突然他看见警察骑着马过来了，卡耐基想：这下栽了！他决定不等警察开口就先认错，卡耐基说：“先生，这下你当场逮到我了，我有罪。你上星期警告过我，若是再带小狗出来而不给它戴口罩，你就要罚我。”警察语气很温和：“好说，好说，我知道没有人的时候，谁都忍不住要带这样一条小狗出来溜达。”卡耐基表示赞同：“的确忍不住，但这是违法的。”警察反而安慰卡耐基：“哦，你大概把事情看得太严重了。我们这样吧，你只要让它跑过小山，到我看不到的地方，事情就算了。”

如果我们犯了错误，而又免不了受责备，何不先自己承认错误呢？这样可以很好地保住自己的面子，毕竟自己谴责自己比挨别人的批评好受得多。因此，很多时候，需要我们主动承认错误，这样比别人提出批评后再认错更容易得到别人的谅解。特里法则认为，承认错误是一个人最大的力量源泉；同时，正视自己的错误将得到错误以外的东西，其实敢于认错本身就具有很大的价值。

布鲁士·哈威是公司财务部的一名员工，有一次，他错误地付给一位请病假的员工全薪。就在他发现这个错误的时候，他及时告诉那位员工，说必须要纠正这个错误，他要在下一次的薪水中减去多付的薪水金额。然而，那位员工说这样做会给自己带来严重的财务问题，因此，他请求分期扣回多付的薪水。但是，这样的话，哈威必须首先获得上级的批准。哈威心想：我知道这样做，一定会使老板十分不满。不过，在哈威考虑如何以更好的方式来处理这种情况的时候，他了解到这一切的混乱都是自己的错误造成的，自己必须在老板面前承认错误。

于是，哈威找到了老板，述说了事情的详细经过，并承认了错误。老板听后大发脾气，指责人事部门和会计部门的疏忽，然后开始责怪办公室另外两位同

事。哈威反复解释："这是我的错误，跟别人没有关系。"最后，老板看着他说："好吧，这是你的错误，现在把这个问题解决吧。"哈威解决了问题，纠正了错误，没有给任何人带来麻烦。从这以后，老板更加器重哈威了。

哈威敢于承认自己的错误，从而赢得了老板的信任。试想，如果哈威不承认自己的错误，而等到东窗事发的那一天，或许脾气暴躁的上司会当众谩骂他，如此一来，他岂不是丢尽了面子！其实，如果一个人有足够的勇气来承认自己的错误，那么，在认错之后，其内心可以获得某种程度的满足感。承认错误，不仅仅为他们保住了面子，而且还能够消除内心的罪恶感，有助于解决因错误而生发出来的问题。

1．与其被批评失去面子，不如主动承认错误保面子

在营救驻伊朗的美国大使馆人质的作战计划失败后，美国总统吉米·卡特在电视里郑重申明："一切责任在我。"当时，仅仅因为这句简单的话，卡特总统的支持率上升了10%。大量事实证明，如果你真的做错了事而不去承认，那么，在人们批评你的时候，你已经失去了面子。所以，与其被批评失去面子，不如主动承认错误保面子，这样，所有的人都会站在你这边。

2．率先批评自己

承认错误并不是等对方的责备已经来了再承认，这时候你已经激起了对方的怒火。因此，我们需要先批评自己，这样对方就不好意思再责备你了，而且也会宽容地谅解你所犯的错误。

**心理小贴士**

承认错误是一种勇敢的行为。因为，对于每一个犯错的人来说，错误承认得越及时，那么这个错误就越容易得到改正和补救。更为关键的是，自己主动承认错误远比别人提出批评后再承认更容易得到他人的谅解。哲人告诉我们：一次错误并不会毁掉以后的道路，真正阻碍你的，是那不愿意承担责任，不愿意改正错误的态度。

# 第9章　心理误区的心理分析：内心的判断力会受什么影响

生活中，我们每个人都需要经常作选择，有些是小的决定，有些是影响我们人生的重要抉择，然而，我们的最终选择常常会受到一些心理误区的影响，如畏惧、经验、传统思维、情绪等。为此，只有摒弃这些心理误区，才能帮助我们坚信自己的判断，听从自己心底的声音，从而作出正确的决定。

## 毫不畏惧：要相信自己的判断

作为一个平凡的人，我们每个人都害怕失败。在对某件事进行判断或执行某个想法前，我们都会产生各种顾虑，都会迟疑不定，而实际上，正是因为畏惧，我们才变得摇摆不定，不知如何作抉择，而最终被畏惧打败。这正如心理学家所说，在每个人的内心其实都有一团火，但因“畏惧”这一消极心理的存在，使得人们变得犹疑，不敢相信自己的判断力。因此，任何一个人，如果要摆正内心的判断力，就必须首先跳过畏惧这一心理陷阱。世界著名的交响乐指挥家小泽征尔就是个坚持自己内心想法的人。

一次，他参加了一次世界优秀指挥家大奖赛的决赛。比赛开始后他按照评委会给的乐谱指挥演奏，但演奏了一段时间后，他发现按照乐谱演奏，会出现一些不和谐的声音。起初，他以为是乐队演奏出了错误，就停下来重新演奏，但即使这样，还是不对。他觉得是乐谱有问题。

在他对乐谱产生质疑后，他向评委提出了疑问，但是，在场的作曲家和评委会的权威人士坚持说乐谱绝对没有问题，是他错了。面对一大批音乐大师和权威人士，他思考再三，最后斩钉截铁地大声说："不！一定是乐谱错了！"话音刚落，评委席上的评委们立即站起来，对他报以热烈的掌声，祝贺他大赛夺魁。

原来，这是评委们精心设计的考验参赛者们的"圈套"，以此来检验这些参赛者在发现乐谱有问题后是否敢于提出质疑并敢于在权威人士的压力下坚持自己的主张。在小泽征尔前面，也有两位指挥家发现了乐谱的问题，但终因随声附和权威们的意见而被淘汰。小泽征尔却因充满自信而摘取了世界指挥家大赛的桂冠。

从小泽征尔的故事中，我们发现，只有排除干扰，放下顾虑，走自己的路，坚定自己的梦想，并大胆实践，才能找到真理的曙光。

我们在追求人生目标的过程中，之所以会左右顾虑，有时候，除了经验的缺乏让我们不敢下决心外，还可能是因为受到一些心理因素的干扰，其中就有畏惧。它就像一个陷阱，我们只有大胆地跨过去，才能找到心中的灯光。哲人说得好，你所害怕的事并不一定会发生，不也不要被他人的言论所左右而不敢作出抉择。我们常常发现有些人除了拿别人的优点与自己的缺点比较外，还喜欢听信那些不该信的话，他们看不到自己身上蕴藏着无穷无尽的潜力，心绪委靡，不知不觉中为自己营造了畏惧的"心灵监狱"。

如果你留心一下周围形形色色的人，就会发现，少数人活得快乐、惬意，并不是因为他们有很多钱，也不是因为他们有更好的房子、工作，他们只不过是比别人更加勇敢，他们敢于作出决定，他们不害怕最坏的结果，他们总是怀着最真诚的心去追求自己想要的东西。

生活中，总有人慨叹：其实我并不喜欢现在的生活，我更想……谈了一大堆的计划，一大堆的梦想，可是他们并没有去实践，如果这么一问，他

们还会摇摇头说：不行啊，我觉得我的计划好像很难成功……不行啊，我担心……我害怕……如果你总是担心与害怕，那么你永远也不可能作出改变。

的确，在我们作决定和判断前，如果你总是为自己想诸多失败后的退路，那么你是无法做到坚持自己的内心的，也无法明确自己的判断力，这样你永远都不会有什么成功，只会与目标越来越远。所有的成功者都必定有着果断的执行力。可能一直以来，你认为自己是个勇敢的人，但一旦要到真正可以表现自己勇气的时候，却左右迟疑、踟蹰不定。其实，真正的勇者是内心毫无畏惧的，他有着超乎常人的精准的判断力，他们总是能果断地作出决策，他们敢于走自己的路，而最终他们也成为了人们口中的成功者。

**心理小贴士**

畏惧像一口吞噬人们自信和判断力的陷阱，我们若想拥有正确的判断力，首先必须要勇敢地跨过这道陷阱。

## 经验、资历的负面作用

在美国加州，有一家老牌饭店——柯特大饭店。

曾经，这家饭店的老板准备筹建一个新式电梯，他重金聘来世界各地的著名建筑师和工程师，他希望他们能一起解决这个建筑问题。

不得不承认的是，这些建筑师和工程师们的经验是丰富的，他们根据自己的经验提出，要改造电梯，饭店就必须停止营运，而这一点，实在让老板很苦恼，这意味着饭店将要遭受经济上的损失。

他问："难道就真的没有别的方法了吗？"

"是的，我们一致认为，再也没有比这更好的方法了，饭店要停止营运半年，对于经济上的损失，我们也很难过……"建筑师和工程师们坚持说。

就在老板为此头疼的时候，饭店的一个年轻的清洁工说出了一句惊人

的话："难道非要把电梯安在大楼里面吗，外面不可以吗？"

"多么好的方法啊！我们怎么没有想到呢！"工程师和建筑师们听了，顿时诧异得说不出话来。

很快，这家饭店采用了年轻人的计策——在屋外装设了一部新电梯，而这就是建筑史上的第一部观光电梯。

这位年轻人为什么能提出与众不同的却又巧妙绝伦的解决难题的方法？这是因为他能跳出专家们的固定思维。的确，在建筑师工程师们看来，电梯就应该安装在大楼内部，却想不到电梯也可以安装在室外。

日常生活中，人们对于经验丰富和资历老的人往往会心生敬意，因为他们代表着权威，他们的经验能为我们解决问题提供帮助，然而在积累经验的过程中，他们也会形成一些固定的思维。

事实上，在生活中，很多人在解决问题的时候，都听从了内心所谓的"经验"的摆布。问题不在于他们的技术高低、学识多寡，而在于他们突破不了固有的思维方式。工程师和建筑师们被专业常识束缚住了，而清洁工的脑子里没有那么多条条框框，思路很开阔，所以才会想出令专家们意想不到的妙招。

生活中，我们常常听人说"初生牛犊不怕虎"。而那些资历老的人做事却畏首畏尾，因为经验告诉他们：如果这样实行成功的概率没有百分百，那么就不要浪费精力了。于是，他们最终放弃了自己的想法，而那些敢于坚信自己判断力的"初生牛犊者"则成了第一个吃螃蟹的人。

的确，现代社会，我们都强调要创新，任何重大成果的发现，都离不开创新意识的发挥。任何一个人都应该摒除生搬硬套和墨守成规这两点。学会突破，你才能有所收获。

可见，经验、资历在具备让我们少走很多弯路的这一积极影响的同时，还具有一定的负面作用，那就是影响我们的判断。如果我们想破除经验、资历给我们的思维带来的负面作用，我们就要做到敢于自我否定，摒

除观念思维、经验主义等主观定势，不要给自己上思维枷锁。具体来说，你需要做到：

1. 多动脑

思考是提出质疑、发现新问题的前提，也是帮助我们找到真理的唯一途径。许多非常成功的人，都是善于思考的。牛顿通过对苹果落地现象的质疑产生了关于万有引力的思想；爱因斯坦通过对太阳的质疑产生了关于相对论的思想；爱迪生因为最爱向老师问“为什么”而成为伟大的发明家。要知道，一个不善于思考的人又怎么能否定固有经验和思维而有所突破呢？

2. 大胆地说出自己的想法

你要敢于说出自己的想法，遇到问题要敢于打破常规，发挥自己的想象力，凡事没有标准答案，你要敢于提出不同的答案和见解，久而久之，你就能培养出不被经验束缚的判断习惯了。

3. 敢于坚信自己

只要做到真正听从自己内心的声音，相信自己很重要，相信自己正确，你就敢走自己的路，就能不怕失误、不怕失败。在大多数情况下，不自信走“小路”的人，通常也难成为创新型人才。

**心理小贴士**

曾有人这样说：“你只要离开常走的大道，潜入森林，你就肯定会发现前所未有的东西。”要想摆脱传统观念和习惯思维的局限，就要鼓励自我打破思维禁锢，突破常规的路线，激活创新的意识。

## 充满欲望的双眼看不到前方的路

在南非的沙比亚丛林，至今还生活着靠打猎为生的原始西布罗族人。他们捕获猎物的方法极为简单——在丛林的湿地处涂上一层胶泥，然后在胶泥上放一些野味，他们就在远处静静地等待。只要是那些食肉动物，它们都会走进湿地，然后一步步地陷入胶泥之中，越挣扎越深，而“陷阱”中的动物又会引来更多的动物。

几天之后，西布罗族人抬来木板，铺在胶泥上，轻而易举地将猎物收入囊中。

这些动物为什么跑进陷阱去自寻死路？原因很简单，在欲望面前，它们迷失了自己。作为人，面对这样简单的骗局，又会怎样呢？答案还是很简单，同样会迷失自己，步入陷阱而不能自拔。

在现代社会，放眼所及，在我们的周围，充满着新奇、精彩的各种各样的人、事、物，甚至连人们的衣、食、住、行、育、乐等各个方面，也随时都有着丰富多彩的选择。然而，当我们习惯了过奢侈、繁华的生活时，有一些人反而会因此迷失了自己，或者是失去了对是非对错的正确的判断，甚至有时候往往为了满足物质的欲望，使自己的生活疲于奔命，或者心生为非作歹的念头，从而造成了社会当中的不安气氛。我们生活的周围，总是不断上演着“迷失自己、沦落陷阱”的悲剧。多少为官者在声色犬马中逐渐失去自己当初做人的原则，甚至不惜牺牲人民的利益，最终被绳之以法；又有多少年轻人经不住外界的诱惑，放纵自己，甚至以身试法，最终自食其果。

的确，在这个纷扰嘈杂的世界，金钱、美色、权力、地位、名声充斥了整个现实生活，给人们太多的诱惑。于是人们更多地注重对身外之物的关注和追求，迷失在物欲横流中。这个事实引人深思，发人深省。

其实，陷入诱惑的泥潭，源于内心的欲望。欲望就像毒品，吸食后是会上瘾的。当欲望被满足一次之后，人就会不断地想要满足更多的欲望，那根本就是一个无底洞，而你也会变得越来越难以抵御外面世界的诱惑。最后，人被欲望所控制着，甚至，成为了欲望的奴隶，并最终被那些诱惑所吞噬。所以，我们应该记住：想成大事，必先克制内心的欲望，学会抵

御外面世界的种种诱惑。为此，你必须做到：

1. 警示自己

我们可以以前人的正反事例来警示自己。现实中的许多人，因为贪婪，以致身败名裂，留下千古骂名，到头来后悔晚矣。我们要以这些事例时刻警示自己，消除贪婪心理。

2. 自我反思

不想迷失自己，还需要做到常反省自己。人虽然是不断前进的，但前进的过程中，难免会出现一些阻碍、陷阱等，一个人想不迷失自己，就应时时反省自己，排除前进道路上的种种诱惑和阻碍，从而使人生之路越走越宽。

你可以自己在纸上连续20次用笔回答“我喜欢……”这个问题。回答时应不假思索，限时20秒钟。待全部写下后，再逐一分析哪些是合理的欲望，哪些是超出能力的过分的欲望，这样就可明确贪婪的对象与范围。最后对造成贪婪心理的原因与危害，自己作较深层的分析。

3. 常保知足之心

心理调适的最好办法就是做到知足常乐，“知足”便不会有非分之想，“常乐”也就能保持心理平衡了。

总之，生命的过程不可能重新来过，因此，我们必须珍惜这仅有一次的生命。面对名利，我们必须要学会自控，充实自己的内心，坚守自己的心灵，以清醒理智的态度步履从容地走过人生的岁月。只有这样，我们的生活才会更加轻松自在，我们的人生才会丰富多彩，豁然开朗！

**心理小贴士**

我们都是平凡的人，我们都有一定的心理需求，甚至连哲学家们自己似乎也极不愿意摈弃人性的这一弱点。但欲望毕竟是无止境的，一个人只有学会不断修剪自己的欲望，才能用最清晰的眼睛看清楚前方的路。

# 不被他人之言动摇

你是否经历过以下场景：下班后，你需要留下来赶点工作，但身为你竞争者的同事却一直在给你打电话，约你去喝一杯。你怎么办？你是继续加班还是去喝上一杯？如果你选择后者，那么这只能说明你是个容易被他人影响的人。

有这样一位企业领导，他有个长处，那就是不受他人干扰。即使有人在他旁边唠唠叨叨，他也能静下心来把事情完成，并且干净利落，决不拖泥带水。他那种明快果决的本领，十分令人佩服。

然而，生活中的我们，却做不到这样，我们常被身边的各种问题困扰、烦心。因为我们太容易被周围人的闲言碎语所动摇，太容易瞻前顾后，患得患失，以至于给外来的力量以左右我们的机会。似乎谁都可以在我们思想天平上加点砝码，随时都有人可以使我们变卦，结果弄得别人都是对的，自己却没有主意，这真是我们成功途中的一个大障碍。

的确，人世间有太多会扰乱我们心绪的因素，对此，我们要懂得调节，避免他人的有意干扰，为此，我们需要注意以下几点：

第一，学会让自己安静，把思维沉浸下来，慢慢降低对事物的欲望。经常把自我归零，每天都是新的起点，没有年龄的限制，只要你对事物的欲望适当地降低，就会赢得更多的求胜机会。正所谓退一步自然宽。

第二，学会关爱自己。只有多关爱自己，才能有更多的能量去关爱他人，帮助他人。善待自己，也是让自己宁静下来的一种方式。

第三，遇到心情烦躁的时候，喝一杯温水，放一曲舒缓的轻音乐，闭眼，回味身边的人与事，对新的未来可以慢慢的梳理，既是一种休息，也是一种冷静的前进思考。

第四，多和自己竞争。没有必要嫉妒别人，也没必要羡慕别人。你要相信，只要你去做，你也可以的。为自己的每一次进步而开心。

第五，广泛阅读。阅读实际就是一个吸收养料的过程，你的求知欲在呼喊你，要活着就需要这样的养分。

第六，不论在任何条件下，都不能看不起自己。

第七，不要怕工作中的缺点和失误。成就总是在经历风险和失误的自然过程中才能获得的。懂得这一事实，不仅能确保你自己的心理平衡，而且还能使你自己更快地向成功的目标挺进。

第八，不要对他人抱有过高期望。百般挑剔，希望别人的语言和行动都要符合自己的心愿，投自己所好是不可能的，那样只会自寻烦恼。

第九，学会忍耐，用自己的智慧改变现有的状态。你需要把目光放长远一些，多一些忍耐，忍耐别人的讥讽；多一些忍耐，忍耐身体的疲惫；多一些忍耐，忍耐成功前较少的收获。需要忍耐的太多，但是只要能够看到成功的到来，任何忍耐都是值得的。

**心理小贴士**

在作判断的时候，对世俗复杂环境我们能避开的就避开，不要轻信别人的胡言乱语，要有自己的主见。你要有坚定的信念，只有自己当机立断，相信自己的判断和能力，远离小人，你的事业才会成功。

# 用原则指导行动

生活中，我们常这样评价一个人：他做事很有原则。很明显，这是一个正面、积极的评价。生活中的人们，在遇到一些问题的时候，可能不知从何下手，不知如何解决，此时，你不妨抛弃那些摇摆不定的想法，从原则出发，这样才能保证你的选择是正确的。

那么，什么是原则呢？原则是说话或行事所依据的法则或标准。它规范着人应当怎样，不应当怎样，可以怎样，不可以怎样。但凡一个人，在想问

题、干工作、办事情的过程中，都有一个讲原则的问题。敢不敢于、善不善于讲原则，是检验一个人、一个单位、一个国家修养和素质的一块试金石。

曾经，在哈佛大学发生过这样一个真实的故事：

1986年，对于哈佛大学所有的师生来说是个特别的一年，因为这一年正是哈佛大学建校350周年，当时，里根总统被邀发表演说。但让哈佛的校长和教授们感到诧异的是，里根总统居然提出了一个要求，他希望自己能成为哈佛大学的荣誉教授。然而，一向以学术水平为基准来聘用人才的哈佛大学拒绝了里根的要求。当然，这一年的校庆上，里根并没有来参加。

试想，如果换作某些大学，总统提出担当名誉教授的要求，又有几家能够坚持聘任教授的原则而拒绝呢？哈佛做到了，在政治化、商业化的熏染下，许多大学向权力意志的行政机构蜕变，学术自由、崇尚真理的大学传统正在经受挑战。哈佛人死守自身的原则，才更显其伟大。

北宋时期著名的文学家和政治家晏殊，14岁被地方官作为“神童”推荐给朝廷。他本来可以不参加科举考试便能得到官职，但他没有这样做，而是毅然参加了考试。事情十分凑巧，那次的考试题目是他曾经做过的，而且得到过好几位名师的指点。这样，他不费力气就从千名考生中脱颖而出，并得到了皇帝的赞赏。但晏殊并没有因此而洋洋自得，相反他在接受皇帝的复试时，把情况如实地告诉了皇帝，并要求另出题目，当堂考他。皇帝与大臣们商议后出了一道难度更大的题目，让晏殊当堂作文。结果，他的文章又得到了皇帝的夸奖。晏殊当官后，每日办完公事，总是回到家里闭门读书。后来皇帝了解到这个情况，十分高兴，就点名让他做了太子手下的官员。当晏殊去向皇帝谢恩时，皇帝又称赞他能够闭门苦读。晏殊却说：“我不是不想去宴饮游乐，只是因为家贫无钱，才不去参加。我是有愧于皇上的夸奖的。”皇帝又称赞他既有真实才学，又质朴诚实，是个难得的人才，过了几年便把他提拔上

来，让他当了宰相。

晏殊为人诚实，表里如一，不弄虚作假，这是我们每个人应该学习的。有人说，天下最糟糕的事就是不讲原则。不能否认，现实生活中有坚持原则、刚正不阿者命运坎坷，八面玲珑、圆滑世故者左右逢源的现象。但是，这只是一时的结果，对于人生来说，这一点甜头只会为日后种下苦果。

正确的原则犹如灯塔，它们不会移动。它们是自然法则，我们打破不了。我们要么让自己与它们相悖，要么去学习它们、调整它们、利用它们，并感激它们，然后我们自己得以发展，得以解放，得到使用这些原则的能力。

因此，生活中的人们，在社会生活中，不管干什么，都要有自己的原则。这里的原则既包括办事的方法，也包括为人、处事的立场、主见。如果一味地迁就、顺从别人，实际上是软弱的表现。做人不能没有原则，没有了做人的原则，也就没有了衡量对与错的尺度。

**心理小贴士**

从原则出发，应该成为我们每个人考虑问题的第一准备。的确，随着时代的变迁，我们应学会调整自我，但更应信守不变的原则。在坚持自己原则的基础上，逐渐创立自己新的原则，使自己不断发展，不断完善。

## 要有正确的择友标准

人生在世，谁都有几个朋友在关键时刻为我们伸出援助的手，但我们很多时候却不明白朋友的真正含义，也不明白谁才是我们真正的朋友。你要记住，朋友是在你走向黑岸的时候，为你点亮明灯的那个人。朋友不是因为你现在处于困难时期，就离你远去的人，朋友不是因为你处在人生低谷的时刻就抛弃你的人。真正的朋友不会人云亦云，不会在你的伤口上再洒上一把盐，不会因为小人对你的栽赃，而远离你。因此，我们要有正确的择友标准。

那么，我们应该选择与什么样的人交朋友呢？

这个问题不能笼统而论。因为每个人的需要是不一样的，所以择友上也有不同的标准。不过，择友是有一些规则的。古人云："择友如择师。"总体来说，我们在交友上应该做到以下三个方面：

1. 拓宽自己的交友面

人的需要是多方面的，那么多层次、全方位的朋友网无疑对自己的发展是有益的。当然，我们应该把那种见利忘义、损人利己的"小人"排除在外。"人非圣贤，孰能无过"，如果有一两个敢于直陈己过、当面批评自己过失的诤友，那真是人生的一大幸事。因为挚友对自己的批评是出于一种我们自己可以理解的平等关系上的关怀与善意地指责，所以，这样的人也很容易被自己接受和采纳。

2. 善于观察，交益友

古语云：近朱者赤，近墨者黑；交友之道，莫敢不慎。要做到择友审慎，就要在交友上悠着来。在还未了解对方基本品质之前，仅凭一时的谈得来和相互欣赏就急急忙忙贸然地把自己的信任与情感全盘托出，是容易为以后不良关系的展开埋下伏笔的。恪守日久见人心的古训，通过与他人的多次交往与活动，观察对方的言谈与举止，就可以洞悉对方的个性、爱好、品质，觉察他的情绪变化，从而判断他是否值得深交。

3. 与不良朋友划清界限

孔子曰："损者三友，益者三友。"我们要和有道德、有思想、有抱负的人做朋友，要和遵纪守法、正直、善良的人做朋友，要和学习和工作认真、兴趣广泛的人做朋友，而对于那些不良朋友，一定要与之划清界限。

总之，我们需要记住的是，我们不可能有"三头六臂"，无法迎接不同的人，但选择与什么样的人交往，我们却是有自主权的。只有那些品行良好的益友，才会在关键时刻与我们患难与共，才能陪我们一去走过人生的风风雨雨。

**心理小贴士**

交什么朋友，与什么样的人交往，会对我们的一生产生影响，不但影响着自己的言行、穿着打扮、处世方式、兴趣趣味，还影响着我们自身的价值观以及对自我的认识。

# 别轻易相信别人

皮特是新上任的某大型外企的采购部经理。新官上任三把火，刚到任的他，就有志在采购部做出一番成绩，他的目标是在刚到任的这一年为公司节省出五百万的材料费。于是，第一个月，他就派下属去考察市场和各个部门，找出需要采购的材料，然后顺利进入工作状态。经过调查，他得知，工程部需要采购一批钢材。随后，他动了动脑筋，怎样才能以最便宜的价格买到钢材呢？

很多公司知道皮特需要购进钢材，便与之联系。有家建材公司告诉皮特：他们的工地有批钢材，价格比一般的钢材便宜一半。他们称，这批钢材原本是为了建设一个大型娱乐会馆，但因为投资方撤资，所有的建筑材料也就遗弃了。皮特很是高兴，这真是天上掉馅饼了。于是，他二话不说，就与对方签订了合同，买了这批钢材，并满以为会得到领导的嘉奖，但在进货后的第二天，他就接到了公司高层的通知——你被解雇了。到底是怎么回事呢？

原来，在这批钢材运回公司的时候，建筑工人发现，这批钢材的质地与一般钢材不同，便仔细观察了一下，发现这是一批劣质钢材，是无法作为建筑材料的。皮特了解后，赶紧与卖方联系，谁知对方已经逃之夭夭了。等待皮特的，只有被解雇的悲剧，而他学到的教训是：别轻易相信别人。

皮特为什么会被解雇？皮特为什么会被骗？因为他在接受卖方提供的信息后，并没有进行核实和了解，仅凭对方的几句话就轻信了对方，因此

给公司带来了很大的损失。

生活中，为什么有那么多的人会犯错？因为他们太过天真，总是轻信别人。常言道：“逢人只说三分话，未可全抛一片心。”毕竟“林子大了，什么鸟都有”，可能在你身边发生过这样一些事：你曾听到你的同事在领导面前中伤另外一个同事，而他们在人前是很好的朋友，其目的是减少竞争者；你可能看到一些人被钱财诱惑，不惜在利益关头出卖朋友……因此，你不要再天真地认为，这个世界上都是好人，也不要因为你的同事对你说了几句悦耳的话，就认为对方把你当知心朋友，就相信他所说的每一句话，免得到最后被人利用了。

现代社会，人际间的竞争越来越激烈，在这样的大环境下，并不是每个人都愿意采取公平竞争的方式方法。因此，无论别人说什么，我们都不可全信；另外，别人告诉我们的话，在对方未经考证的情况下，也未必全部是真实的。

为此，对于别人提供的信息，我们需要做到：

1. 时刻提醒自己问题的重要性

你需要明白的是，你是否接受对方提供的信息，是否根据这一信息采取行动，这直接关系到你行动的成功与否，因此，你要时刻提醒自己，一定要多从几个方面综合考虑。

2. 善于观察，洞察人心

面对利益的争夺，有些人会不择手段，我们可以保证自己不对别人放“暗箭”，却决定不了别人不对你放暗箭。这需要你多看、多听、多分析并且冷静地判断，更不要相信别人的花言巧语。

3. “深入一线”，多作考察

别人说的话到底正确与否，我们不能判断时，就要遵循“耳听为虚，眼见为实”的原则，自己“深入一线”进行考察，只有这样，你才会对真实的情况了如指掌。

总之，对于别人所说的言语，我们不能尽信，抱着怀疑的态度去求证，我们便会减少犯错误的可能。

心理小贴士

每一个成熟的人都要有自己的主见，都不能轻易相信别人。过于单纯，把自己完全“交给”对方，太过危险。

## 内心的畏惧会让挫折放大

《哈里·波特》的作者J. K. 罗琳在接受哈佛大学荣誉博士学位的演讲时说：“人们有一个共识，那就是人可以从挫折中变得更聪明更强大，这句话意味着人从此对自己的生存能力有了更好的把握。如果没有苦难来考验你，那么你从来都不会真正懂得自己，懂得你处理各种关系的力量有多大。”面对挫折，不同的人有不同的感受：意志坚强的人越是遭受挫折的打击，表现得越坚强；而内心总是充满畏惧的人，在遭受挫折的打击时，表现得越来越怯弱，似乎挫折变得越来越强大。有时候，挫折并没有变大，而是我们的心态变得畏惧了，那些内心畏惧者让那些容易克服的挫折变得强大起来。所以，为了战胜挫折，我们需要克服内心的畏惧，这样我们才能获得战胜挫折的力量。

有人说：“挫折是一条欺软怕硬的走狗，你越是畏惧它，它就越威吓你；你越不把它放在眼里，它越对你表示恭顺。”因此，面对挫折，强者变得坚强，而弱者变得更软弱。对于成功者来说，他们都能够深深地体会到挫折、苦难，但是，他们从来不畏惧，也不相信眼泪，他们所拥有的是汗水与坚韧。

从前，有两位商人，他们经过多年的经商获得成功，生活过得十分惬意舒适，但是，令人奇怪的是，他们从来不知道狗是长什么样子的。其中一位商人胆子很小，有一天，他看到街上有人在卖“狗”，就跑去问：

“这小家伙挺可爱的，叫什么呀？”卖狗的人回答说：“它就叫作‘挫折’，你要买吗？”胆小的商人迫不及待地回答：“要，要，要。”他当即付了钱，要求卖狗的人将“挫折”送到自己家里去。到了家里，卖狗的人就离开了，胆小的商人上前抚摸“挫折”，“挫折”马上凶狠狠地叫了一声：“汪！”当即吓得胆小商人浑身发抖。商人以为是自己站得太高，令“挫折”感到不满意，于是，他伏下了身子爬到“挫折”面前，伸出手要抚摸它，没想到“挫折”一张嘴就咬断了商人的两根手指头。商人跑出了家门，漫山遍野地奔跑，而“挫折”就在后面紧紧地追赶着。突然，胆小商人一不小心摔进了河沟，“挫折”见状依然不依不饶地叫了几声才罢休，胆小商人被救上来的时候，差点没了小命。

另一位商人在路上碰到了“挫折”，商人不知道这是什么动物，便小心翼翼地向前想抚摸“挫折”，可“挫折”凶狠地叫了一声：“汪！”还要上前来撕咬他，勇敢的商人拿起自己的马鞭狠狠地抽了“挫折”几下，它就变得老实了，对商人服服帖帖。一天，两位商人同去庙里进香，告辞的时候，商人问老和尚：“老师傅，拴在树边的那个小动物叫‘挫折’，它到底是什么动物啊？”老和尚笑着回答：“人的一生有很多的挫折，其实，挫折是一条狗！你要怕它，它就凶狠；你要不怕它，它就驯服！”

原来，挫折不过是一条狗。它欺软怕硬，你内心越是畏惧它，它就越发强大；相反，你越不把它放在眼里，它就越对你表示恭顺。在生活中，挫折只会对那些内心畏惧的人耀武扬威，因为面对内心畏惧的人，挫折会越来越强大，最终内心畏惧者在挫折面前只有失败。

瑟曼是哈佛大学里一名普通的学生，她从小就怕水，因此十分畏惧游泳课。每次，瑟曼看着在水中游泳的朋友们，心里就会涌上一种不舒服的感觉，面对朋友的邀请，瑟曼只能说：“我怕水，所以不想下水。”朋友们笑着怂恿：“不要因为怕水，你就永远不去游泳……”看着朋友们像海豚一样在水中自由地嬉戏，瑟曼满是羡慕，但是，她觉得自己还是不够勇敢。

一个月后，朋友邀请瑟曼去温泉度假中心，瑟曼终于鼓起了勇气下水了，但是，她还是不敢游到水深的地方。朋友鼓励她：“试试看，让自己灭顶，看会不会沉下去。”瑟曼大吃一惊：“你说什么？”内心畏惧的瑟曼摇了摇头。朋友亲自作了一次示范，在朋友的坚持下，瑟曼小试了一下，她发现朋友说的没错，这真是一种奇妙的体验。朋友笑着说：“看，你根本淹不死，为什么要害怕呢？”

尼采说：“当我们勇敢的时候，我们并不如此想，我们一点也不认为自己是勇敢的。”有时候，内心畏惧是源于我们总是不断地逃避问题，那些怯弱而畏惧的人通常都是这样。其实，当我们试着去改变自己的内心，让自己的内心变得强大起来的时候，我们会惊讶的发现，克服挫折不过如此，它容易得就像是跨过一道门槛一样。但是，如果总是任由内心畏惧而不去改变，那么，我们将失去许多成功的机会，因为幸运总是降临在那些有着强大内心、坚韧精神的人身上。

**心理小贴士**

内心畏惧的人常常表现为害怕困难，意志薄弱，惧怕挫折，内心异常脆弱。一旦遇到挫折，他们便惊慌失措而不知怎么办才好或是习惯性退缩或是消极抵抗，不愿意冒险。其实，内心越是畏惧，挫折就会变得越强大；而内心越是强大，挫折就会变得越弱。我们要想成功地战胜挫折，首先应该战胜自己内心的畏惧，让自己变得强大起来，挫折与困难才会迎刃而解。

## 沉浸在昨天将会阻碍你走向明天

回首过去的每一天，有喜悦、有痛苦、有辛酸、有成功也有失败，尽管我们经历了风雨挫折，但是留给我们更多的是奋斗的快乐和思考。人生的每一段经历，无论是成功的经验还是失败的教训，都是一笔宝贵的财富。生命并不是完整无缺的，我们每个人都或多或少地缺少一些东西。也

许，在昨天我们没能实现心中的愿望，但是，昨天已经过去了。昨天不代表未来，也许昨天成功了，并不代表未来还会成功；昨天失败了，也不代表未来就要失败。因为昨天无论是成功还是失败，都只是代表昨天，未来是靠今天决定的。昨天的经历可以成为未来的借鉴，但我们不可因此就背上沉重的包袱，因为未来还有很长的路要走。丢掉那些失败、哭泣、成功、骄傲，轻轻松松面对现在，努力继续向前行，这样，你才会越走越快，路越来越宽！

福特一世16岁就独闯天下，凭借着杰出的管理专家和机械专家，福特公司成为了世界上最大的汽车公司。但是，成功后的荣誉让福特一世得意忘形，认为这一切都是自己的功劳，面对他人提出的意见总是置之不理，整天沉浸在成功的喜悦之中，开始享受生活，不思进取。看到福特一世如此的情况，当年追随他一起创业的老功臣纷纷离去，公司每况愈下，几乎濒临破产。

1945年，福特二世上任，接过几乎成为烂摊子的福特公司。福特二世深知父亲失败的原因，于是，他开始礼贤下士，励精图治，高薪聘请一大批管理精英，使福特公司很快起死回生，重新达到了巅峰，再现昨日的辉煌。但是，在成功的喜悦面前，福特二世又重蹈覆辙，在公司里独断专行，将自己看作公司至高无上的统治者，使整个公司人心惶惶。在80年代初期，福特二世被逼交出大权，同时被公司除名。

正所谓“福兮祸所伏，祸兮福所倚”，当自己因为昨天的成功而喜悦的时候，悲惨的危机有可能已经靠近了你。所以，我们要想成功，就必须学会忘记，忘记昨天的辉煌，忘记昨天的一切，从零开始，继续向前，这样我们才有可能创造美好的未来。

1954年，巴西人都认为巴西足球队能获得世界冠军。然而成功总是不常在，巴西足球队在半决赛中意外地败给了法国队，结果，那个金灿灿的奖杯与巴西无缘。足球队的球员们十分悲痛，心想：自己去迎接球迷的辱骂、嘲笑和汽水瓶吧，因为足球是巴西的国魂。当回国的飞机进入了巴西

领空，球员们坐立不安，因为他们心里很清楚，这次回国肯定会遭遇难堪的情景。然而，当飞机降落在首都机场的时候，映入他们眼帘的却是另一番景象：巴西总统带着两万多球迷默默地站在机场，共举一条大横幅：失败了也要昂首挺胸！顿时，球员们泪流满面，暗暗下定决心：告别昨天的失败，为下一次比赛努力！

4年后，巴西足球队又一次站在比赛场上。这一次，他们不负众望，捧回了世界冠军，这是巴西足球队为国家捧回的第一个世界冠军奖杯。在巴西机场，16架喷气式战斗机为球员们护航，当飞机降落的时候，聚集在机场上的欢迎者达到了三万多人。从机场到首都广场不到20千米的道路上，自动聚集起来的人群超过了100万，里奥市长由于晚出发了一会，竟无法驱车去机场。在路途中，球员被请进豪华汽车，几个主力球员则被人用手臂向前传递，在4个多小时的路程，主力球员几乎脚不沾地，一直被送到总统府。

昨天的失败并不可怕，可怕的是因此而沉浸在痛苦中。面对昨天的失败我们要昂首挺胸，这样才能迎接未来的胜利。人生的成功需要环环相扣，每一个阶段的终点意味着你达到了新的起点。忘记昨天，从零做起，这样你才有可能获得成功。昨天无论是成功还是失败，它都不代表今天，更不代表明天，我们不要在意昨天的成功与失败，应把握好宝贵的今天，开创美好的未来。

**心理小贴士**

昨天已经过去了，我们就不要沉浸在其中。昨天的荣誉抑或是伤痛，都已经成为历史，我们应该以平和的心态去面对，这样才能更好地生活下去。一个人的记忆是有限的，如果过去的东西记得太多，那另外的一些东西就装不进去了。面对昨天，我们必须学会忘记，随时删除记忆中那些无用的东西。昨天，我们也许有过成功与快乐，也有可能遭遇过挫折与失败，然而对于那些日子，今天才是新的开始。所以，继续向前行，告别昨天，重新踏上新的旅程吧！

# 下篇

## 心理分析应用

# 第10章　表情语言透露的心理活动

生活中，我们偶尔会听到这样一个名词——微表情。微表情的概念最早是由美国心理学家保罗·埃克曼在1969年提出的，后来随着美剧《别对我撒谎》而流行起来。微表情，是内心流露与掩饰，是心理学名词。通常来说，人的微表情是下意识的，为此，我们可以以此为突破口来察看一个人的内心活动。当然，在此之前你必须学会细心观察、仔细揣摩，因为微表情持续的时间很短暂，转瞬即逝。

## 小心微表情表露你的心思

在《红楼梦》中，有这样的一节故事：

贾敬大寿，宁府设宴唱大戏，少不了亲戚朋友捧场。王熙凤因为秦可卿重病，先去探望病人，在穿过花园去赴宴的途中遇见了贾瑞。凤姐儿正自看园中的景致，一步步行来赞赏。猛然从假山石后走过一个人来，向前对凤姐儿说道："请嫂子安。"凤姐儿猛然见了，将身子望后一退，说道："这是瑞大爷不是？"贾瑞说道："嫂子连我也不认得了？不是我是谁！"凤姐儿道："不是不认得，猛然一见，不想到是大爷到这里来。"贾瑞道："也是合该我与嫂子有缘。我方才偷出了席，在这个清净地方略散一散，不想就遇见嫂子也从这里来。这不是有缘么？"一面说着，一面拿眼睛不住地觑着凤姐儿。

不得不说，王熙凤虽然有时候心肠歹毒，但她是个出色的交际家，更能看穿一个人的心思。这段故事中，凤姐儿自然能从贾瑞这一表情中看出他的叵测居心。从下文中，我们了解到，她对贾瑞一番戏弄以后，看贾瑞远去，心里暗忖："这才是知人知面不知心呢，哪里有这样禽兽的人呢。他如果如此，几时叫他死在我的手里，他才知道我的手段！"而贾瑞也最终被王熙凤戏弄致死。我们姑且不去讨论王熙凤的歹毒，我们可以发现，正是王熙凤的八面玲珑和敏锐的观察力，才使得她能在贾府中如鱼得水，一人之下万人之上。

心理专家称，"微表情"最短可持续1/25秒，虽然一个下意识的表情可能只持续一瞬间，但这种特性，很容易暴露情绪。因此，对于那些撒谎者来说，虽然他们在语言上圆好了谎，但他们的微表情一定会出卖他们。为此，我们可以以此为突破口来察看一个人真实的内心世界。

其实，我们在与人交往应酬的过程中，可以发现，一个人的语言可以掩饰自己的内心世界，但他的微表情可能会出卖他的真心。从这些入手，我们就能一眼洞察别人的内心世界，从而方便自己实行下一步的应酬决策。比如：

（1）说话时两边嘴角下拉、眼神往下表示尴尬；

（2）嘴唇紧闭、鼻孔外翻表明很生气；

（3）真笑与假笑的区别是眼角有无皱纹；

（4）当面部表情两边不对称的时候，表明他的表情很可能不是发自内心的，当然，对于脸部受过伤的人则另当别论；

（5）害怕、愤怒和性兴奋都会使人的瞳孔放大；

（6）恐惧时，眉毛可能上挑并挤在一起；

（7）超过一秒钟的吃惊状就是假装的，任何微表情都是转瞬即逝的；

（8）额头、眼角有纹路产生表明陷入悲伤。当然，做过拉皮手术的人，会因为脸部肌肉麻痹而导致出现此情形，这种情况另当别论；

（9）说话后抿嘴表示对自己的话无信心；

（10）眉毛上扬、下颚张开表示惊讶；

（11）眉毛朝下紧皱、上眼睑扬起、眼周绷紧，表示将要实施血腥暴力行为；

（12）明知故问的时候眉毛会微微上扬；

（13）如果对方对你的质问显露出不屑，说明你的问题触碰到了对方的痛处。

其实，在日常生活中，如果我们错误地理解“微表情”的含义，我们会对交流对象形成错误的判断。这会增加人们之间的隔阂，而不是互信。如果理解了“微表情”，我们就更能够从一闪而过的表情信号里发现有价值的信息。

**心理小贴士**

人们通过做一些表情把内心感受表达给对方看，在人们所做的不同表情之间，或是某个表情里，脸部会“泄露”出其他的信息。当面部在做某个表情时，这些持续时间极短的表情会突然一闪而过，而且有时表达相反的情绪。也就是说，人们的微表情的表露可能会下意识地表露出他的真心。

## 解析不同眼神的心理活动

在人类的感觉器官中，眼睛是最重要的器官之一。科学家经过研究证实，人类有80%的知识都是通过眼睛观察得到的。眼睛不仅可以读书认字、看图赏画、欣赏美景、观察人物，还可以辨别不同的色彩和光线，然后将这些视觉、形象转变成神经信号，传送给大脑，从而增强人类的记忆能力。

人们常说，眼睛是心灵的窗户。在交谈过程中，眼睛是仅次于语言的重要工具。人与人之间除了需要语言的交流外，眼神的交流也是必不可少

的。在人类的面部表情中，眼神是最为微妙复杂的，不管是用眼神表达信息，还是准确地理解别人的眼神所表达出来的信息，都非常困难。很多时候，眼神是无法掩饰的，因此往往更能真实地表达出一个人的品质、修养以及心理状态。如果能够充分地理解别人的眼神所表达的意思，那么你就能够觉察到对方真实的内心世界，从而更好地与之交流。

杜薇是名刚毕业的学生，有幸的是，她获得了一家大型公关公司的策划人员职位，成为人们常羡慕的白领一族。

上班第一天，她带着谨慎来到公司。如她所料，办公室果然是美女如云，站在人群中，杜薇突然有一种“丑小鸭”的感觉。正在想时，一个美女走过来，热情地冲杜薇打招呼，杜薇自然也是热情地回应。然后杜薇也打量了这位同事，见她颇有王熙凤的风范：一身很惹眼的名牌。而正当这位同事和自己说话时，她看到其他好几个同事都投来鄙夷的眼神，杜薇认识到这应该是一个不受欢迎并且爱表现的同事，然后她给自己敲了一个警钟：以后不要和这同事深交，否则不仅在职业上没有上升的空间，还得罪了所有人。

上班的第一天，根据自己的观察，杜薇把办公室的同事以及领导都划归为几个类型，并用不同的方式与他们每个人相处，果然不到半年，她就在一片支持声中升职了。

现代社会的职场人士，除了要具备一定的职业能力外，还必须学会怎么和同事、上司相处。杜薇的聪明之处，就在于在上班的第一天，通过同事们的眼神了解到办公室的同事关系，给自己打了不同的预防针。

那么，不同的眼神有什么不同的含义呢？下面，让我们一起来学习学习。

1. 眼神能反映一个人的自信程度

一般来说，自卑的人，眼神往往躲躲闪闪，很难长久地注视别人，一旦发现别人在注视他，就会将视线突然移开；性格内向的人，无法将视线集中在对方身上，即使偶然看对方一眼，也是一闪而过，这种人往往不善交际；相反，那些自信的人，他们的眼神是笃定的，坚定不移的。

2. 眼神能反映一个人的专心程度

三心二意的人，听别人讲话时一边点头，一边左顾右盼，从来不把视线集中在谈话者身上，这说明听话的人对说话的人以及说话人所说的话题不感兴趣。凝神倾听的人，总是将视线集中在对方的眼部和面部，以表示对对方的尊重和理解；心不在焉的人，注意力集中在自己正在干的事情上，非但不看对方说话，而且反应冷淡。

3. 眼神能反映一个人的情感

如果两个人彼此心存好感，那么说话的时候往往喜欢注视对方的眼睛，以达到眼神的沟通、心灵的交流；相反，如果两个人话不投机，就会尽量避免注视对方的目光，以消除不快。此外，漠视的眼神给人一种拒人于千里之外的感觉，还有一种轻蔑的意思在里面；眯视也是不太友好的语言，给人一种睥睨和傲视的感觉。

**心理小贴士**

在人际交往中，眼神的交流作用非常重要。很多时候，眼神是无法掩饰的，因此更能真实地表达出一个人的品质、修养以及心理状态。如果能够充分地理解别人的眼神所表达的意思，那么你就能够读懂对方真实的内心世界，从而更好地与之交流。

# 鼻子所能告诉我们的事

在人的面部五官中，眼睛很灵活，嘴巴很灵巧，而鼻子呢？相比之下，除了耳朵之外，鼻子的表情是最少的。绝大多数人都知道以下列举的这些鼻子的生理功能：鼻子，长在面部的中间位置，是面部的制高点。鼻子有两个鼻孔，鼻孔中还有许多鼻毛，不仅守卫着人体的呼吸道（用鼻毛阻止灰尘的入侵，保证气管和肺部的清洁），而且能对吸入的冷空气加温，以减轻冷空气对气管的刺激。

除此，鼻子还能表情达意。大家肯定会问：鼻子既不像眼睛那样能够灵活转动，也不像嘴巴那样能言善辩，怎么可能会表情达意呢？的确，一般来说，鼻子除了一张一翕和蹙起来之外，很少能够主动做出动作，而只能被动地被手捏来捏去，或者摸一摸。然而，虽然鼻子所传递的信息远远不如眼睛和嘴巴丰富，但是，即使这样，鼻子也能给我们提供很多的身体语言信息，是面部表情中不可忽视的微表情。有的时候，鼻子做出的微表情也能够泄露一个人的内心世界。

最近，有位研究身体语言的学者，为了弄清这个“鼻子”的“语言”问题，曾作过一次调查。他选择的地点是机场和码头这些人流量较大的地方，观察了一个星期后，他得出了这样一个结论：人的鼻子是会动的，因此，它是有身体语言的器官。他说，在进行观察时候，他发现，人们的鼻子在闻到一些异味或者香味的刺激时会有明显的张缩动作，甚至到了严重的情况下时还会微微地颤动，接下来往往就出现“打喷嚏”现象。他认为，这些“动作”，都是在发射信息。

因此，如果我们也能读懂鼻子部位的“语言”，那么，我们必然也能更深入地了解他人的内心。

可见，人的五官中，鼻子和耳朵是最缺乏活动的部位。因此，很难从观察静态的鼻子读出对方的心理。但是鼻子也有自己的“语言”，我们不妨从对方鼻子细微的“语言”中，试着“看”透对方的心理。

为了便于大家识记，我们总结了以下9种鼻子的表情达意的功能。

（1）皱鼻子：表示厌恶。

（2）歪鼻子：表示不信任。

（3）鼻孔一张一翕：表示愤怒。

（4）抖动鼻子：表示紧张。

（5）哼鼻子：表示排斥和蔑视。

（6）抽动鼻子：表示在闻气味。

（7）捏鼻梁：极度疲劳或者思考难题的时候，人们习惯于用手捏鼻梁。

（8）挖鼻孔：这是一个不雅的动作，很多人在公共场合会控制自己不做出这样的举动，不过，仍然有一些人在遇到挫折或者特别无聊的时候，用手指挖鼻孔。

（9）揉鼻子：表示说话人有可能在编造谎言。

考虑难题时，有的人会情不自禁地捏鼻梁，这是因为鼻梁下的鼻窦部位因为紧张会产生轻微的痛感，用手指捏鼻梁是对疼痛的一种反应。同样的道理，当有人故意刁难我们的时候，为了掩饰内心的混乱，勉强应付，我们会很自然地把手挪到鼻子上，触摸它、揉捏它，甚至还用力地压挤它，似乎鼻子因为内心的冲突而产生了瘙痒感。在不会撒谎的人群中，这种情形尤其常见。

此外，我们发现，当人们在紧张的时候，鼻子便会出汗，这是为什么呢？因为人们在压力和紧张之下，身体便会因为荷尔蒙的关系而存储热量，接下来，这些热量会相继被传送给身体的其他部位，如大脑和四肢，这时，体温便会升高。然而，人的体温只有在正常的温度下才能进行正常的运转，于是这些体温便通过汗液的方法排出体外，从而排解紧张情绪。由于汗腺所在部位不同，其对于感觉和心理刺激及对于热的刺激的反应也有所不同。在紧张和压力下，神经一般会因为大脑皮质最先被传达到鼻子上，从而导致鼻子上小汗腺的分泌排泄活动在短期内迅速增强，使鼻子上汗液增多。

**心理小贴士**

鼻子能给我们提供很多的身体语言信息，是面部表情中不可忽视的微表情。有的时候，鼻子做出的微表情也能够泄露一个人的内心。而有的时候，鼻子的表情未必是真实心理的流露，因为也有可能是习惯使然。为了避免在与人交往的时候引起误会，如果你的鼻子有表错情的坏习惯，那么就要赶紧改一改了。

# 连续眨眼的心理活动

王晓是学市场营销的，毕业之后，他在一家化妆品卖场担任男士化妆品的推销员。他很会察言观色，因此推销的业绩非常好。

这个周末，卖场来了很多消费者，当然也不乏男士。尽管人很多，但忙碌的王晓还是在人群中发现了一个特殊的男客户：他大概三十多岁，一身简单又名贵的穿着。来到卖场，他一句话不说，只是不停地看化妆品。

面对这样的客户，几个推销员在得到“爱答不理”的回应后，就不再招呼他了。而王晓则发现这个客户有个特殊的动作——他在看推销员为其他客户介绍产品的时候，总是不停地眨眼睛，并且，他眨眼睛的频率大概都是在2~3秒。

王晓知道这种客户一般猜疑心重，对于推销员的话不相信，才会有这样的表情。于是他只是站在不远处，并不作过多的介绍，等这个男人抬头寻求帮助的时候，他才过去帮忙介绍产品的功能和价格。很快，这位客户购买了商品匆匆离开了。

这则销售案例中，在其他推销员无计可施的情况下，推销员王晓并没有贸然推销，而是先观察客户，从客户的肢体语言——总是不停地眨眼，并不说话，判断出客户不理睬推销员是因为其疑心重，于是在客户需要帮助的时候才过去帮忙介绍产品的功能和价格，从而顺利地把产品推销出去。的确，专业的推销员都能从客户的表情中知晓对方的内心活动。如果客户对你眨眼睛，而且频率非常地慢，那表明客户对你的话表示蔑视和嘲笑，也就是对你的产品介绍根本没有兴趣。如果你继续进行下去，势必没有任何效果，而且还会引起顾客的反感。这时候就要积极地改变策略，转移话题，重新想办法说服顾客。当你发现顾客眨眼睛的频率变快的时候，说明你的说服起到作用了，客户开始动心了。

这里，我们可以发现，眨眼这个看似很小的微表情也透露着一个人的内心，一般来说，眨眼有三种：第一种是随意性的眨眼；第二种是保护性的，如当人遇到有潜在危害性的视觉刺激如强光时，会眨眼；第三种是自主发生的眨眼。据有关研究，第三种眨眼每天约有一万五千次。

那么，眨眼这个小动作到底有什么秘密呢？

1. 眨眼频率延长：蔑视的表现

眨眼频率是人们下意识控制下的行为，如果一个人在和你谈话时，出现了2～3秒甚至以上的眨眼频率，这表明他对你的话不感兴趣，出现了厌烦情绪，他希望你能立即打住话题。对此，你应该知趣一点；而如若他一直闭着眼睛，这说明他根本不想看见你。

2. 眨眼频率加快：感兴趣的标志

对方眼睛闪烁，说明他对你们之间的交谈兴趣浓厚。

举个很简单的例子，如果你是一个公司的领导，这天，你召开了一个会议，所有下属好像都在认真地听你讲话，但事实上真是这样吗？当然不是，那么，你可以通过下属们眨眼的频率来判断。

3. 从眨眼频率看他是否在撒谎

一般来说，人们在正常且放松的情况下，眼睛每分钟会眨眼6~8次，每次眨眼时眼睛闭上的时间只有1/10秒。但当人们撒谎时，人们眨眼的频率会明显提高，而且人们闭上眼睛的时间会比正常情况长1/10秒。

有关专家进行了进一步的研究，他们将被测者分为两组：第一组人自由活动10分钟，活动内容尽量简单，从而使这10分钟不会做出任何需要说谎掩盖的事；第二组人被告知一会儿提问的试题和答案放在哪儿，以便他们测试时可以用到。之后研究人员让被测者在回答问题时戴上特制的可以测试眨眼频率的仪器。

结果发现，说真话的人，眨眼频率会比一般情况下微微高一些，这是因为他们怕回答不好问题而产生了焦虑情绪（显然从语气中也可以听出他们有焦虑情绪）；而对于说谎者，他们的眨眼频率变化非常明显，先是稍

微下降，反映出被测者在思考如果被问到，该如何不留痕迹地撒谎，所以他们自我安慰要保持冷静。后来在正式说谎后他们眨眼频率大幅上升，此时眨眼行为是不受大脑控制的下意识行为，而谎言也暴露无遗。

当然，我们还需要注意的是，无论什么情况下，一个人总爱“挤眉弄眼”，则要担心他是否有“抽动症”等疾病了，最好到相关医院检查一下。

**心理小贴士**

从一个人的眨眼频率上我们能看出对方的内心活动，包括对方的情感好恶、是否撒谎等。了解对方眨眼背后的含义，能帮助我们作出进一步的交流措施。

## 嘴巴动态表露的喜怒哀乐

曾经，在美国的一所研究院内，有两个研究员就人的鼻子作了这样一个研究：

他们通过研究著名的“蒙娜丽莎”画像，发现嘴巴能够表达喜悦和悲哀，而眼睛却不能反映真正的表情，只能反映情绪的紧张程度。第一步，他们在数码化的画像上增加干扰图案，这样，画像看上去就像一幅模糊不清的电视画面。接下来，为了要达到测试的效果，他们继续改变干扰图案。然而，改变的部分只是画像的一半：要么是上半部分，要么是下半部分，这样做的效果有利于他们看出改变人物心情的到底是眼睛还是嘴。

最终的结果很明显，最能体现蒙娜丽莎情绪变化的是她的嘴而不是眼睛。为了验证试验的准确性，两个研究员还使用了其他女性的照片进行了相同的测试，结果完全一样。

通过这个试验我们得知，尽管我们无法否定眼睛的表情达意功能，但

是最起码证实了嘴巴的动态也具有非常重要的表达功能。

嘴巴的动态有很多种，在人际交往的过程中，如果能够细致地观察对方的嘴巴的动态，就可以洞察对方的内心世界，使交往更加顺利。

玲玲在现在这家广告公司工作已经三年了，她担任的是经理秘书这一职务然而她现在拿的却还是三年前的工资，为此，她很想跟经理提提加薪的事。毕竟，公司里比他来得晚的新职员都加薪了。然而，怎样才能找到合适的时机呢？作为老板，当然不会喜怒形于色，因此职员很难判断老板的心情如何。不过，玲玲平时对心理学书籍比较感兴趣，她曾在一本书里看到，可以通过一个人说话时嘴巴的动态来了解对方的心情。就这样，玲玲整整观察了十几天。突然有一天，她发现老板看起来与往日不同，他的嘴角微微上翘。虽然几乎不易觉察，但还是被玲玲捕捉到了，由此，玲玲断定老板的心情很好。所以，处理完手里的工作后，玲玲来到了老板的办公室，以即将结婚为由，委婉地提出了加薪的请求。果不其然，老板的心情真的很好，他不仅痛痛快快地承诺从本月起给玲玲加薪20%，还说等玲玲结婚时一定要通知他。就这样，仅凭着一丝不易觉察的微笑，玲玲顺利地实现了自己的心愿。

由此可见，在职场中，无论是面对上司还是面对同事，都可以通过观察对方的嘴巴动态来了解对方的内心，从而更加顺利地实现良好的沟通。

那么，我们从人的嘴巴的动态上到底能看出什么呢？

1. 交谈时嘴角的动态能够反应出说话人的内心世界

说话时以手掩口的人性格内向、固步自封，生怕被别人看穿心思；交谈时下嘴唇向前撇，表明不仅怀疑你所说的话，而且还想反驳你；上下嘴唇一起往前撅，表明此人处于防御状态；嘴唇的两端略微向后的人注意力比较集中，但是缺乏坚持的毅力，很容易受到他人的影响；在交谈时咬嘴唇或者双唇紧闭的人，可能是在反省自己，也可能是在用心倾听或者分析对方所说的话；交谈时经常舔嘴唇的人正在压抑着自己紧张或者兴奋的心情。

2. 嘴角的弧度也能判断一个人的性格

喜欢把嘴巴缩起的人，做事认真细致，很难敞开自己的心扉，疑心病重；嘴抿成“一”字形的人是实干家，性格坚强，能够圆满地完成上司交代的任务，事业发展相对顺利；嘴角微微上翘的人活泼外向，心胸开阔，灵活机智，为人随和，很好相处；嘴角向下撇的人固执己见，很难被说服。

3. 可以根据对方的笑容判断其性格

开口大笑的人嘴巴大张，性格豪放，做事不拘小节，光明磊落，缺点是没有耐心，总是知难而退；狂笑的人嘴巴近似于圆形，擅长社交，洒脱不羁，给人一种亲切感，喜欢冒险，乐于助人，适合做与人打交道的工作，很容易获得成功；微笑的人嘴角微微上翘，看起来很和善，性格内敛，沉默寡言，不善于与人交流，比较关注内心世界，心思细腻，擅长分析对方的言语。

**心理小贴士**

人的嘴巴相对比较灵活，能够做出不同弧度的动作。通过这些丰富的嘴部动态，我们可以掌控一个人内心的情绪波动。

# 眉毛挑动意味着什么

在人的脸部，眉毛与眼睛离得最近，关系最密切，因而，我们在分析脸部表情密码的时候，就不得不提到眉毛。在生活中，眉毛表情达意的功能非常强大，如果注意观察，就能通过眉毛传递的信息洞察别人的内心世界。通常情况下，人们处于不同的情绪之中时，眉毛的形态是不一样的：当一个人心平气和时，眉毛基本呈水平状；当一个沮丧万分时，眉毛就会耷拉下来；当一个人非常生气时，眉毛就会倒立起来；当一个人高兴时，就会眉飞色舞；当一个人遇到难题时，眉毛就会紧蹙起来……心理学家经

过研究，发现眉毛的动态表达功能居然高达二十多种。

美国社会心理学家琳·克拉森对人们的面部器官进行了长期的、细致的研究，被人们称为“读脸专家”。在研究中，克拉森发现人们的面部表情生动传神、非常微妙，而且，人们虽然可以控制自己的情绪，但是却很难控制自己的面部表情。因此，这些表情总是毫无保留地透露一个人的所思所想。而在这些面部表情中，她认为眉毛最能表露一个人的心声。例如，当眉毛向下靠近眼睛的时候，表示一个人充满热情，非常愿意和身边的人友好相处。总而言之，从一个人的眉毛，能够看出他的心理状态。

生活中，也许你经常看到他人有这样的一个微表情——挑动眉毛，在眉毛的各种状态中，最为诡异的是挑动眉毛的情形，即一边的眉毛下垂或者保持不动，一边的眉毛高挑。它又代表什么呢？以下的案例能够很好地为我们解答这个问题。

阿飞是一名室内设计师，工作内容主要是为客户设计办公室、居所以及大型的商场等。

这天，阿飞带着自己的设计来到客户的公司，准备和客户商谈一下具体的设计细节。当他一走进客户的办公室就发现客户表现得很不友好：他斜眼上下打量了阿飞一眼，流露出一点鄙夷。

不出所料，当阿飞拿出设计准备和客户谈时，客户就开始挑毛病了。大到整个办公楼的功能划分、整体布局，小到办公桌的摆放、绿植的位置，客户统统不满意。而且，客户还拿出了自己的设计，看那架势，非要和阿飞一较高低。阿飞真是没辙了，最后，他只好拿出自己事先准备的杀手锏，告诉客户自己的设计更加经济实惠，实施起来，至少会比客户亲手设计的方案节省20%。听到这里，客户不置可否地笑了笑，并且不自觉地挑了挑眉毛，抽动了一下嘴巴，流露出不相信的神情。

阿飞当然清楚客户这一表情背后的含义，他知道客户不相信他，于是，他接下来便拿出计算机和纸笔，为客户算起账来。他一边算，一边很有耐心

地把一项项开支为客户指出来，并且和客户的设计方案进行了详细的比对，告诉客户哪些钱是可以省的，哪些钱是必须花的。算到最后，客户发现，原来阿飞并没有骗他，他确实可以少支出30%的开支。在阿飞耐心而细致的计算过程中，客户的眉毛渐渐地舒展开了，不仅眼含笑意，而且频频点头。

显而易见，客户接受了阿飞提出的设计方案。从那以后，他还为阿飞介绍了很多生意。

在这个案例中，客户为什么要挑动眉毛呢？其实，他这一微表情透露出的消息是：他对设计师阿飞提出的设计方案不屑一顾，而且产生了怀疑和否定的心理。不过，聪明的阿飞在看出客户的这一心理后，很快找到了解决的对策。

的确，很多时候，人们在说话的时候都会做出一些微表情来强调我们所说的内容，这些微表情大部分也是下意识的，大多数人会选择用手部或者用头部的运动来标记自己讲话的重点，但也有一部分人喜欢用眉毛。从阿飞的经历中，我们可以得到一个启发：与人交往，如果对方挑动眉毛，那么，这表示他对你的话并不信任，此时你必须表达自己的真诚，以真诚打动对方。

**心理小贴士**

尾毛斜挑的人，通常处于怀疑状态，那条扬起的眉毛就像一个问号似的，或者希望你主动偃旗息鼓，主动终止交易；或者希望你给出合理的解释。如果对方挑动眉毛，你必须表达自己的真诚，以真诚打动对方。

## 咬指甲表露出的心理

小敏今年刚大学毕业，她大学读的是中文系。毕业后，她也和所有的同学一样找工作，先后参加了二十多场招聘会，但是都没有找到合适的工作。其实，小敏在读书时代是个很优秀的女孩，她不仅连续四年都获得了一等奖学金，而且还在大四的时候入了党。每次，招聘单位只要一看到她的简历，就会在很短的时间内约她参加笔试、面试。无疑，笔试根本难不倒小敏，但是一到面试的阶段，她就会被无情地淘汰掉。小敏绞尽脑汁也想不明白自己为什么总是在面试阶段被淘汰掉，她明明表现得很好啊。10月的时候，她去在一个校友的介绍下一家出版社，并且出版社看了她的简历以后对她的条件很满意。结果，面试的结果仍然和之前一样，小敏又被淘汰了。这次，她再也忍不住了，终于找到校友想问个究竟。校友也毫不知情，不过，校友答应它找机会和人力资源部的人聊聊这件事情。

一天，校友急急匆匆地来找小敏，原来她已经从人力资源部的同事那里了解到了小敏之所以没有通过面试的原因。至此，困扰了小敏大半年的问题终于真相大白了，他们谁都没有想到，小敏居然因为这个问题而屡屡遭遇求职的“瓶颈”。原来，小敏有个习惯性的动作，那就是一紧张就咬指甲，就因为这个原因，考官认为她很不成熟。一向自信的她万万没有想到，这个不经意却又很频繁的小动作，居然使她与心仪的工作失之交臂。

在以上案例中，小敏之所以在面试中屡次失败，就是因为她的一个细小的动作——咬指甲导致的。的确，在我们的印象里，只有小孩子喜欢做这一动作，而实际上，可能连这些主考官们也不知道，无论是孩子还是成人，在紧张的时候都会寻找一些放松的方法来解压，咬指甲就是其中之一。

“我也咬了一辈子指甲。虽然我觉得整齐光洁的指甲很漂亮，但我的指甲总在尚未长长时就被我不知不觉地咬短了。”

“我发现自己有这个毛病应该是在幼儿园时（实际应该是更小），因为我虽然外表聪明听话，但总是克制不住胆怯焦虑的情绪，除了指甲，小学时还爱咬铅笔，总是把铅笔啃得坑坑洼洼的（上中学后因为换了金属质的活动铅笔才不能咬）。”

“我很猛烈地咬指甲，或者撕指甲。现在拇指的指甲已经彻底撕坏

了，比一般人的短很多，大概把下面的神经都弄坏了，长不出来了。而且，在我记事开始，拇指就是这样子了，也不知道是什么时候弄的。”

……

很多小孩，甚至一些成年人，在紧张的时候会将手指伸到嘴边，不由自主地咬指甲。可是，人为什么爱咬指甲呢？

现代科学还无法解答这个问题。最常见的理论之一是人爱咬指甲是因为有压力。人们喜欢通过咬指甲来放松自己，紧张的时候他们会咬指甲，考虑问题的时候他们也会咬指甲。

法国研究人员进行了一项民意测试以检查什么人爱咬指甲和咬指甲是在什么情境下。研究显示，法国人爱咬指甲的习惯大都与他们的工作有关。26%以上的人称，在考虑与他们工作相关的事情时爱咬指甲。奇怪的是，购物是咬指甲的第二个原因：咬指甲可能代表作抉择的折磨。考虑经济形势和对父母孩子的关注排为第三。

由于父母强烈的反对和提醒，“咬指甲”这个行为，可能反倒被保留下来，甚至愈演愈烈，那么慢慢地这个行为就成了这个孩子一个固定的情绪的一个释放和一个关系的再现。惩罚也可以强化，一个孩子因为一件事情被骂被打，这有可能转变为一种强化，这种强化就会让他这个行为变本加厉，有可能延续到成年。

当然，正和案例中的小敏一样，在一些公共场合，为了不影响我们的表现，我们千万不要做这一动作，因为它不仅可能暴露我们的情绪，还是一种不雅的动作，所以最好加以改正。

**心理小贴士**

心理专家表示，其实啃咬指甲，有时反映出一种心理情绪。往往与情绪紧张、抑郁、沮丧、自卑感、敌对感等情绪有关。

# 第11章　手指行为透露的心理活动

生活当中，经常有一些事是人们不愿说出来的，在相互的猜测中，你是否因为不能正确理解周围人的感受而使彼此受到伤害呢？其实，能帮助我们洞察人心的方法有很多，从人的手指这一部位入手，分析人的手部动作传达的一些秘密，也能帮助我们找到隐藏在肢体动作中的潜台词。

## 十指交叉意味着什么

高宏是一名经验丰富的司法审讯人员，有一次，他接到上级命令，要对一个巨大的跨国诈骗集团的头目进行审讯。

这名犯罪嫌疑人叫杰森，曾就读于国外的一所名牌大学的金融系，还同时拿到了法律系的毕业证书，可以说是一个人才，他深谙如何钻法律空子挣钱。

刚开始，审讯工作很难进行，因为杰森确实太聪明了，他也很熟悉警方的办案程序和审讯程序。无论高宏问什么，他都很配合地回答，但他的答案简直滴水不漏，高宏根本找不到任何破绽。他根本分不清杰森哪句话是真的，哪句话是假的。就这样，高宏审讯了杰森好几天。高宏为此很担忧，因为根据法律规定，如果扣留嫌疑人一定的时间再找不到证据，就必须要放人。高宏告诉自己，绝不能让这个犯罪分子逍遥法外。最后，倍感

焦急的高宏接受了他学心理学的妻子的一个建议——看对方的无声语言：手势。

后来，高宏派人悄悄地在审讯室里装了几台摄像机，这样，他便能在审讯结束后看清楚杰森的一举一动。

果真，在看录像带的时候，高宏发现嫌疑人的手势发生了改变：在回答某些问题时，杰森的双手很自然地放在腿上一动不动。在回答另外一些问题的时候，虽然杰森的眼睛依然十分镇定、真诚地看着高宏，回答的内容也没有任何破绽，但双手开始不自觉地作十指交叉状。高宏以此为线索展开案件调查，终于把犯罪分子绳之以法。

也许直到锒铛入狱的那一天，犯罪分子也无法理解自己哪里出了纰漏。其实，帮助高宏破案的关键就是“十指交叉”暗喻的心理，十指交叉是掩饰自己内心真实想法的外在表现。

生活中，也许我们会经常作出十指交叉这一手势，我们会认为这是个不经意的动作，而实际上，这一动作也是一个内心情绪的体现。当然，十指交叉手势，手位置的高低与消极情绪的强弱有关，较高位置的十指交叉比较低位置的十指交叉更消极、更抵触。具体来说：

十指交叉，自然放置，说明对方此时心平气和，并且比较自信。此时，如果你希望对方接受你谈话的论点，那么想必你要找出一些强有力的证明来了。

十指交叉，一手手指抚摸另外一手，这一动作说明对方此时内心比较不安、焦虑，或者处于高压或怀疑的情况下，他这一动作是为了安慰自己的大脑。与他们接触和谈话，你首先要做的是就是给对方信任感，让对方安稳下来，使其愿意接受自己，对自己敞开心扉。否则，双方沟通会很困难。

十指交叉，双手紧握，说明对方此时已经开始自我否定了，他的内心是沮丧和消极的，如果你与他较量，那么此时就是你一举拿下对方的最好时机。

十指交叉，放在胸腹之间，说明此人已经在心里拒绝了你。此时，即使你再强调自己的观点，那么，对方也不可能再接受你，此时，你可以采取另一些较为轻松的交流方式，如先为对方送上一杯饮料。总之，要想办法让对方解除十指交叉的姿势。否则，他会拒绝你所有的想法和观点。

十指交叉，放在大腿上，并且伴有拇指指尖相顶，说明此人处于比较尴尬的境地，不知如何自处，或者是谈话内容让他感到进退两难。当对方出现这种手势的时候，我们不妨给出几个建议，让他进行选择。

十指交叉，双手拇指向上伸直，说明此人此时对交谈的内容很感兴趣，并且对自己说的话十分有信心。

十指交叉，眼睛平视对方，出现这种手势说明对方已经失去耐心，正在压抑内心的不满。此时，应该把话语权交给对方，或者停止交谈，以免引起对方的反感。

十指交叉，放在脸前，这是一个十分明显的敌对动作。当对方做这种动作的时候，就传达了“别说了，我不想听”“我不相信你”“我不认为这个可行”“我想结束谈话”等消极情绪，此时也应该结束谈话。

总体来说，十指交叉手势，手位置的高低与消极情绪的强弱有关，较高位置的十指交叉比较低位置的十指交叉更消极、更抵触。所以，当对方作出十指交叉手势时，不要再认为这是一个不经意的动作了。

**心理小贴士**

当一个人十指交叉于身体的不同部位时，它所体现的情绪和心理都是不同的，学会通过手势解读对方内心的真实想法，对我们做事情来说是有百利而无一害的。

# 小小手势表露的心理

青青在一家民营企业工作，她在大学学的是心理学，对人的心理颇有研究。为此，公司让她全权负责对外谈判业务。

最近，公司正在与一家大型外企洽谈，能否做成这单生意关系到公司下边的经济效益。为此，老总给青青下了死命令，务必要顺利拿下订单。

经过一系列的准备后，青青带着项目书亲自到外企拜访，进行深入沟通，以使项目设计更加完美。在交谈的过程中，青青看到对方负责人拿出了一张A4纸，上面密密麻麻地写满了对项目的意见、建议以及不满意的地方。不知不觉之间，对方负责人还把双手交叉放在了胸前，脸上写满了质疑。见此情景，虽然对方负责人并没有明确说什么，但是青青马上拿出了十二分的精神，停止了解释，而是一项一项地开始按照客户的意见完善方案，即使觉得客户的方案不好，她也没有反驳，而是有理有据地把自己的设计方案为客户演示了一遍。在青青专业、敬业、耐心、真诚地演示下，客户的双臂渐渐地放了下来，投入了与青青的讨论之中。至此，青青才松了一口气。最终，她顺利地为公司签下了这个大订单。

从这则职场故事中，我们发现，青青是聪明的，在她看到客户把双手交叉放在胸前时，就立即意识到这是客户想拒绝和否定的意思，于是，她及时调整策略，成功地打开了客户的心扉，最终顺利签约。相反，假使她看不懂客户的手势语言，而是选择一味地解释，那么，客户肯定会认为她是在强词夺理，从而更加反感她。由此可见，小小的手势也暗藏着大大的玄机。

的确，在人类的各种肢体语言中，手势的动作幅度是最大的，同时方式也是更加多样和灵活的。在人类的进化过程中，双手是劳动不可或缺的关键部位，因此发挥了至关重要的作用，推动了人类的进化历程。我们都知道，一个人的语言可能会欺骗你，但是他的身体语言不会。人们可以在

语言上伪装自己，但身体语言却经常会“出卖”他们。因此，解译人们的手部语言密码，可以更准确地认识他人。

可见，手势语言能够生动地反映人类的内心世界。如果能够详细了解这些手势的含义，就能帮助你更加顺利地洞悉他人内心。比如，在现实生活中，很多时候，人们都会摩擦手掌，因为摩擦手掌代表着丰富的含义，适用于各种情境。摩擦手掌的时候，速度不同，反映的心理状态也不同。摩擦地慢，表明犹豫不决；摩擦地快，表明满怀期待。

我们在与人交流沟通时，即使不说话，也可以凭借对方的手势来探索他内心的秘密，对此，我们可以作出以下总结：

一、如果对方有以下动作，表明他可能在说谎：

（1）当你与对方交谈的时候，你发现他有这样的动作：不时地拉衣领，说明其心虚。此时，你可以这样试探他：“请你再说一遍，好吗？”如果对方支支吾吾，前言不搭后语，则对方极有可能在说谎。

（2）如果一个人说话时下意识地用手遮嘴或摸鼻子，则代表其有说谎的嫌疑。

二、如果对方出现以下动作，表明他对你所说之话抱有消极的态度：

（1）当你兴致勃勃地表达自己的观点时，对方却不时地抓耳朵，表明他对你的话已经不耐烦了，他希望你打住话题，也可能他希望你能给他一个表达的机会。

（2）如果与你交谈的是一个群体，当你说话的时候，他们多出现交叉双臂或用手遮嘴的动作，则表示他们根本不相信你的话。

（3）说话时用手搔脖子表示人们对所面对的事情有所怀疑或不肯定。

三、为了获得他人的信任，产生积极的谈话效应，我们可以尽量做出以下动作：

（1）说话时，尽量手心朝上，因为这一工作所传达的信息是：我是坦诚的、不说谎的。

（2）摊开手掌更能赢得他人的信任，但如果这是你的习惯性动作，那么，就不灵了。

（3）握手时掌心向上，并垂直与对方握手，能表明你性格温顺，为人谦虚恭顺，愿以彼此平等的地位相交。

**心理小贴士**

我们在与人交往的过程中，如果能掌握一些手势信号的话，就可以查看出对方的内心活动，从而来判断他的用意、心思，这远比语言更具真实性！

## 抓耳朵传达的心理

小王是一名电脑推销员，最近，他遇到了一个难题：在向某公司推销电脑时，公司负责人把决定权交给了一名技术顾问——陈教授。经过考察，陈教授私下表示，两种厂牌，各有优缺点，但在语气上，似乎对竞争的那一家颇为欣赏，小王知道问题出现了。于是，他准备尽最后的努力。他找了个机会，口沫横飞地辩解他所代理的产品如何地优秀，设计上如何地特殊，希望借此改变陈教授的想法。谁知道，在他讲述的过程中，细心的他发现了陈教授的一个小动作——用手不停地抓耳朵。小王明白，这个动作是不耐烦的表现，于是，他赶紧改变谈话策略，赶紧说：“陈教授，真对不起，今天打扰您很久了，我只顾着说，也忘了问您还是不是有事？要不改天我再来拜访您？”听小王这么一说，陈教授立即停止了抓耳朵的这一动作，并且主动提出：“那行，下周一下午我有时间，你再来我办公室谈吧。”

于是，小王重整旗鼓，再次拜访陈教授。见了面，他一改自己的说话习惯，对陈教授说：“陈教授，今天我来拜访您，绝不是来向您推销。

过去我读过您的大作，上次跟老师谈过后，回家想想，觉得老师分析得很有道理。老师指出我们所代理的电脑在设计上确实有些特征比不上别人。陈教授，您在××公司担任顾问，这笔生意，我们遵照老师的指示，不做了！不过，陈教授，我希望从这笔生意上学点经验……”小王说话时一脸的诚恳。

陈教授听了后，心里又是同情又是舒畅，于是带着慈祥的口吻说道：“年轻人，振作点，其实，你们的电脑也不错，有些设计就很有特点。唉，我看连你们自己都搞不清楚，譬如说……”陈教授谆谆教导，小王洗耳倾听。这次谈话没过多久，生意成交了。

案例中，推销员小王可谓是一场虚惊，刚开始，他一味地陈述自己所代理的产品的优点，而不给对方说话的机会，使对方产生了不耐烦的情绪。不过庆幸的是，小王是个聪明的年轻人，他很快从客户抓耳朵这一小动作中识别出了客户的不满。于是，他立即偃旗息鼓，再寻找机会与客户谈话。在第二次的谈话中，他便表现出了对客户意见的重视，最终成功做成生意。

从小王的推销经历中，其实，我们也可以看出人的手部动作——不停地抓耳朵所传达的心理秘密：当你向对方兴致勃勃地陈述自己的观点和表达自己意见的同时，如果对方不时地抓耳朵，这表明他已经对你的话产生了不耐烦的情绪，他希望你能立即打住，不要再继续你的长篇大论了，此时的你就应该知趣一点，要么让对方的耳朵休息一下，要么转移话题。如果对方也是个善于发表言论的人，那么，你最好也给对方一个表达的机会。

的确，很多时候，人们为了照顾他人的情绪，即使内心产生了一些消极的、负面的心理活动，他们也不会用语言表达出来，但他们的肢体语言不会掩饰。一个人内心产生了不耐烦的情绪，他们就会选择一条发泄的通道，其中就包括抓耳朵。因为耳朵连接着人的听觉神经，当他感觉自己的听觉神经受到刺激时，他会下意识地触摸自己的耳朵。

当然，我们也不能否定一点，一个人不时地抓耳朵，也不一定全部是

内心产生不耐烦情绪的表现。当一个人耳部因为某种原因瘙痒时，他也会有这一动作，因此，我们应该视当时具体的谈话环境而定。

**心理小贴士**

我们的耳朵是接收外部信息的重要器官，当我们不愿意继续听他人的言论时，抓耳朵便成为很好的表现方式。掌握人类的这一下意识动作，能帮助我们更好地与人沟通。

## 用手遮嘴想说什么

我们先看看下面这一场景：

客户："我看我还是不买了，我刚在隔壁商场买过一套差不多的。"这位小姐还是放下了刚刚试过的一套化妆品，挑选了很久的她终于停下了脚步。为其介绍产品的是销售员小李，小李听到客户这样说，并没有放弃推销，因为她发现了一个很小的细节：客户在说这句话的时候，下意识地用手遮住了嘴，学过销售心理学的她明白，客户其实并没有说真话，而同时，客户进店后并没有再看其他产品，这更让小李确信自己的判断。

于是，小李尝试着问："小姐，您是不是觉得这款护肤品贵了呢?

客户："是有点贵。"

小李："那您认为贵了多少钱呢？"

客户："至少是贵了500元吧。"

小李："小姐，您认为这套化妆品能用多久呢。"

客户："这个嘛，我比较省，怎么也要用半年吧。"

小李："如果用原来牌子的化妆品，要用多久呢。"

客户："原来那个两个月要买一套吧，因为效果不太明显。"

小李："这样吧，您看原来那个牌子的化妆品是200元一套，可以用两三

个月，我们按照三个月计算，您半年需要花400元。但是小姐，实不相瞒，我们这种化妆品如果您比较省，至少可以用一年，这是所有客户共同得出的经验。由于它赋含的营养成分比较多，所以只要稍微用一点，就可以了。”

客户：“真的是这样吗？”

小李：“这是我的客户共同的见证。这个周末您有时间吗？我已经约了所有客户举行一个联谊，希望您也能参加。”

客户：“这样啊，好，我相信其他女孩子的眼力……”

这则案例中，化妆品推销员小李的销售方法值得我们学习。这里，她之所以能判定出客户的反对意见“我看我还是不买了，我刚在隔壁商场买过一套差不多的”并非真实想法，是因为她观察到客户的一个动作：下意识地用手遮住了嘴，一般来说，这是人们没有说实话的表现。

的确，人们所表现最显著、最难掩的部分，不是语言，而是下意识行为。人人都会说谎，但世界上没有不能被看穿的谎言。行为心理学家认为，我们不仅可以从一个人的面部表情识别其话语的真实性，还可以通过其肢体动作看出其话语的真实性。因为说谎是一种复杂的行为，要做到让人相信，需要动员全身的器官共同“演戏”。一般来说，无论一个人的说谎技术如何高明，为了掩盖谎言，他都会无意中做出一些小动作，因此，善于观察的人，仅看一个人的动作就可以断定对方是否在说谎。

行为心理学家戴斯蒙·莫里斯博士做过这样一个实验：他让研究人员把护士作为测验对象，要她们有意识地对病人谎报病情。通过录像观察，这些护士在说谎时，比平常实话实说时使用了更多的用手掩饰嘴部的动作。

由此他得出结论：手遮嘴的动作有说谎的嫌疑。

当有人在同你说话时，不自觉地出现用手捂嘴的动作；当说到与之相关的关键点时，他甚至有意假咳嗽以便用手来遮嘴，这时就要对这人说话的真实性多加留意，因为这时也许他在说谎。结合前后的交往，你就不

难作出准确的判断。如果说话者用手遮嘴，那么他就有“心口不一”的嫌疑。反过来，在你说话的过程中，如果对方用手遮嘴，且是一对一的交谈，你最好是暂停下来，问一问他是否有不同的意见；如果是一对众的演讲，台下的听众很多人出现了交叉双臂或者用手遮挡嘴部的动作，那么他们向你传递的信息是你说的不符合实际或你说的他们不感兴趣，这时你就要斟酌一下演讲内容，调整一下演讲的风格和角度，尽可能扭转这种不愉快的局面。如果你置这种负面氛围于不顾，坚持讲下去，那就不会有什么好效果，甚至会引起对方的质疑。

当然，一个人说谎时也可能有其他一些小动作，如摸鼻子。摸鼻子的姿势是护嘴姿势比较世故、隐匿的一种变化方式。它可能是轻轻地来回摩擦着鼻子，也可能是很快地触碰鼻子。女性在做这种动作时，会非常轻柔、谨慎，因为怕脸上的化妆被弄糟了。曾有心理学家称：当不好的想法进入大脑之后，人们下意识就会指示手遮着嘴，但到了最后关头，又怕表现得太明显，因此，就很快地在鼻子上摸一下。摸鼻子和遮嘴一样，摸鼻子的姿势在说话人使用时则表示欺骗，在听者来说则表示对说话者的怀疑。

**心理小贴士**

当人们用手遮嘴，拇指压着面颊，那么他的潜意识中是大脑指示手作这样的姿势以压制谎言从口而出。有时只是几只手指，有时整个拳头遮住嘴巴，但意思都一样。遮掩嘴巴，是想隐藏其内心活动的特有姿势。

## 手指抚摸颈部的心理密码

张小姐是一名机械设备推销员，最近，她与一位要批量购买产品的客户已经进行过多次洽谈，对方也派过技术人员来验过货，可是就是迟迟不愿成交。张小姐心想：如果再不主动出击，时间消耗得越久，客户购买的可能性就越小。于是，张小姐决定主动打消客户的顾虑，这天，张小姐来到客户的公司。

见到对方负责人郑经理以后，她立即热情地说：“郑经理，您知道的，这一型号的设备，我们公司的产品是最一流的，您现在考虑得怎么样了？”

“嗯，是吧……”对方冷冷地说道。张小姐注意到，对方在说这句话的时候，做了一个下意识的动作，用手指轻轻地抚摸了几次颈部，张小姐明白，郑经理虽然嘴上认可自己的话，但内心肯定对这一点还是很有顾虑的。于是，就产品性能问题，张小姐继续说：“我能理解您的想法，虽然我向您保证我们公司的产品性能属于业界一流，估计您也向同行打听过，不过在您没有亲眼见到我们公司的规模和生产状况前，存在这种担心和顾虑是人之常情。为公司采购需要认真、负责，不能出半点纰漏，不然会影响到公司的运营等。”张小姐语重心长地说。

“是啊，真难得你能理解我的想法……”

“对于我们公司的设备，您大可以放心。您也派技术人员来试用过，我想知道您还担心哪些方面的问题呢？”

客户说道：“其实我们急需一批这样的产品，对于你们公司本身的生产能力及产品质量我已经没有什么可顾虑的了。不过我担心的是你们能否在合同签订的15天之内就将产品全部发到指定地点。”

听到客户这样说，张小姐马上说：“原来您担心的是这个啊，您稍等，我马上打电话让秘书为您传真一份资料。”

一分钟后，张小姐对客户说：“我给你传真的是我们公司专门针对紧急要货的客户制订的‘快速订货通道’，通过‘快速订货通道’，我们公司可以按照您的要求送货到指定地点，只要您能按照要求及时支付货款，到时候就可以凭单取货了……”

听到张小姐这样说，客户松了一口气，认真思考了一会儿之后，他对

张小姐说："那明天我到贵公司签合同。"

从这则案例中我们发现，张小姐在和客户沟通时之所以能成功打消客户的异议，就是因为她懂得从客户的小动作探查客户的内心活动——表面上看，客户认同张小姐说的"这一型号的设备，我们公司的产品是最一流的"这句话，但实际上，他用手指抚摸颈部的动作已经出卖了他的真心，事实上，他对张小姐的话还是很怀疑的。于是，在接下来的沟通中，张小姐便围绕这一问题进行阐述，站在客户的角度，以几句真诚的话表达了对客户心情的理解，迅速拉近了与客户的心理距离。得到客户的信任之后，她再询问客户顾虑的原因就容易得多。

的确，人际交往中，人们对于他人尤其是存在利益关系的人或陌生人都是有一定的自我保护和防卫心理的，当我们提出某一观点和见解后，他们可能会表示认同，但实际上这与他们的内心并不一定相符，要看他们是否还心存戒心，我们大可不必直接问询，可以从他们手部的动作入手。正如故事中的客户一样，如果对方用手指抚摸颈部，那么他很可能并不相信你的话，此时，你应该做的是用真诚和事实打动对方，消除对方的顾虑，进而达到沟通的目的。

**心理小贴士**

当人们用食指(通常是用来写字的那只手的食指)抓挠脖子侧面位于耳垂下方的那块区域，我们根据观察得出的结论是，人们每回做这个手势，食指通常会抓挠5次。这个手势是疑惑和不确定的表现，等同于当事人在说："我不太确定是否认同你的意见。"

# 紧握双拳透露出了什么

山姆是一名警察，他最近遇到了一个棘手的案件：一名女子在自己的

家中被谋杀。根据罪犯的犯罪动机，山姆把死者生前可能有过节和相关联的人都请到了警察局，其中有死者的前男友、现任丈夫、债主、公司有过节的上司。但根据这些人的口供，山姆发现，他们都有不在场的证据。这让山姆很头疼，“到底谁是杀人凶手呢？到底有什么破绽我没找到呢？”山姆这样想。

“其实，问题一点也不难，他们不是什么间谍，也不是联邦调查局的人，肯定会露出马脚的。”山姆的上司突然站在他身后，说了这一番话。

“那么，您觉得谁是凶手？”山姆问。

“她丈夫。”上司很干脆地说。

“能告诉我您判断的理由吗？”

“我不知道你注意没有，这个人真的很奇怪。根据他描述的，他应该很爱自己的妻子，那么，在妻子去世时应该很悲痛。但事实上，他并没有这样的情绪；相反，他紧握双拳，脸部肌肉紧绷，很明显，这是一种愤怒的情绪。当然，他也有可能是恨凶手，但我想，面对一个没有找出来的人，他不会有如此明显的情绪……一个男人恨自己死去的妻子到这种地步，想必应该是情感问题，你去查查死者生前都和什么人接触过，也许会有新发现。”

山姆当然听懂了上司的意思，于是他展开了新的调查。果然，他发现死者一个多月前就已经出轨。通过搜证，警察还在死者的地下室找到一把凶器，上面的指纹经过证实也是死者丈夫的，真相终于大白了。

“是的，她是我杀的，我那么爱她，她要什么我买什么，每天一下班我就回家带孩子做饭。这个贱女人，居然还不知足，出去找男人。那天半夜，她衣衫不整地回来，回来后还和那个男人通暧昧电话，我实在受不了了，就拿起厨房的水果刀捅在她的肚子上……”

这则案例中，我们不得不佩服山姆的上司的观察能力，在几个同样有嫌疑的人中，他很快发现了死者丈夫的一个异常小动作——紧握双拳。通

常来说，这是一种愤怒的表现，并且，对方紧绷的脸部神经也证实了他的判断。在排除其他可能存在的情况下，他得出结论：此人就是杀人凶手。

的确，由于愤怒、憎恶都是不易被隐藏的情绪，因此对方势必会减少与你目光直接接触的机会。潜意识中，他担心你一旦直视他的眼睛，内心的焦躁不安会被你看穿。不自觉地握紧双拳也是即将发怒的象征。

**心理小贴士**

与人说话的过程中，如果对方有这样的肢体动作特写：他紧握双拳，目光游移不定，下颚紧绷。那么，我们大致可以判断出一点：你的话或行为可能惹怒了他。

## 坐在自己的手上的心理

最近，小樱交了个男朋友叫小强，他们是相亲认识的。小樱对他的印象很好。他为人诚实、对人很好、做事原则性很强，也很有爱心，就连平时在公交车上，他也很少坐，都把座位让给了老人、小孩。他不抽烟、不喝酒，不去夜店，即使约会他也经常带小樱去图书馆这样的公共场所。小樱认为，他是个值得自己托付终身的人。于是，在交往了三个月之后，小樱决定把他带回家见见父母。

这天，小强一大早就去买了很多礼品，然后他敲开了小樱家的门，开门的是小樱，小樱说："赶紧进来，我爸妈在厨房，去打个招呼。"

此时，小樱的父母已经从厨房出来了。于是，小强赶紧打招呼说："叔叔阿姨好，买了点东西，也不知道你们喜欢不喜欢。"小强虽然说完了这句话，但他明显感觉到自己的紧张，也许这句话只有他自己听得见。

"坐吧，孩子，当自己家，老头子，陪小强聊聊天，我去厨房再炒几个菜。"小樱妈妈这样说道。

听到老伴儿这么说，小樱父亲便招呼小强坐下。小樱的父亲在退休前曾是一家医院的知名心理专家，在和小强聊了聊之后，他心里对这个未来女婿就已经大致了解了。

晚上，在女儿小樱送走小强后，他便对女儿说："女儿，这小伙子不错啊，很贴心呢。"

"那是，你女儿我挑的男孩子，能错得了吗？不过，话说回来，爸爸你是怎么看出来的？"小樱得意地说。

"你忘了你爸爸是干什么的了吗？那会儿我注意到一个细节，你妈妈让他坐下之后，他居然把手放在臀部下面，一般来说，这是怕说错话的表现。另外，我还看见他说话的时候额头上的汗珠都下来了，他是很在意第一次见家长才会有这样的动作，可见，他是重视你的。找到这样的好男孩，就抓住吧。"

"我知道的，您放心吧。"小樱在说这句话的时候，一脸的幸福。

这里，我们看得出，小樱的父亲的确是个善于洞察人心的人，在为自己女儿把关这一点上，他充分发挥出了自己的专业水准，通过未来女婿小强的一个细微的动作，便觉察出对方内心所想。

我们发现，当一个人在充满激情、自在、无保留地表达自我感受时，双手通常会不自觉地飞来舞去。把手垫在臀部下方，代表此人正竭力控制自己，以免脱口说出不该说的话。但这种控制未必是在隐藏什么见不得人的丑事，而是生怕自己说的话会搞砸整个局面或气氛——其实许多人打从孩提时代起就会有这种习惯。这也表示，此人正担心自己接下来的言行会导致他人的不悦。双手紧握，置于大腿或桌面上，或把手插在口袋里，也是这个意思。

人际交往中，如果交流对方也有这样的动作，那么，此时你应该找到应对策略：用轻松体贴的语言安抚他，安慰他并试着将他的思维引入某个轻松的话题。一旦他理解到你的平和安详，他就会在心理上放松，不安全感便会渐渐消失。

**心理小贴士**

一个人若有这样的肢体动作特写：他的手置于臀部下方，即他坐在自己的手上，此时，我们就应该明白，对方可能正处于紧张不安的情绪中，找到一个轻松的话题，活跃交流氛围，能帮助他缓解这种情绪。

## 用手指拨弄头发的心理

李文攻读完心理学硕士研究生以后，被一家心理学机构高薪聘请，但缺乏实战经验的他被安排在最底层实习一个月，自然，这在情理之中。

有一天下午四点左右，他遇到一个麻烦的客户，很多问题他解决不了。大家都在忙，他想，去问主管吧，刚好可以交流一下。当他敲门进去的时候，主管正在看一本杂志，李文还在想，做领导真好，这么悠闲。于是，李文慢慢地把事情和领导说清楚，可是李文却注意到了领导的一个动作：领导在听他说话的时候不断地用手拨弄自己的头发。领导的头发很短，很明显，这不是头发乱了的缘故。根据李文的经验，领导一定是遇到了什么事情，有巨大的压力，再一看，领导办公桌上有一封信，并不是公司信件，李文明白了，估计刚刚主管看杂志也是想让自己镇定下来。于是，为了不打扰主管，李文找了个理由离开了办公室。出了办公室后，李文问了主管秘书到底是怎么回事，原来是主管在美国的老父突然病逝，昨天寄来的信。

接下来，李文并没有着急回家，而是等在公司大厅。后来，主管出来了，李文拍了拍他的肩膀说："不要伤心了，走，去喝一杯。"主管先是一惊，但还是答应了。那天晚上，半醉之下，主管跟李文说了很多掏心窝子的话，尤其是老父亲是怎么辛苦培育自己的。

经过那次之后，李文便和主管在私下成了最好的朋友。

毕竟是学心理学的，从领导的几个小动作中，李文就看出了他有心事急需平静，便不再打扰。聪明的他很快又从秘书那里得知到底发生了什么事，然后他便充当了一个知心朋友的角色，领导就会感觉得到李文的善解人意，关系自然会拉近一步。

从这个故事中，我们不难发现一点，人们的很多不经意的小动作其实并不是习惯使然，而是有一定的心理原因。比如，玩弄头发就是给心理解压的象征。当然，有同样含义的动作还有很多种，比如，拨弄外套上的钮扣，把餐巾纸折来折去，也可能不断地变换坐姿，抖脚，手指头像弹钢琴般来回敲打桌面。

那么，此时，我们该怎么做呢？对此，你能帮他的便是让他分心，阻止他继续钻牛角尖。否则，压力就会像滚雪球般越滚越大。切忌不断地逼问他到底发生了什么事。你可以将心不在焉的他拉回现实，邀他到公园散步，看电影，依赖另一种活动引起他的兴趣。他一旦将烦心事从心绪中抽离出来，便极有可能将导致压力产生的原因告诉你。故事中的李文所选择的处理方式便是陪领导喝一杯，酒逢知己千杯少，几杯酒下肚，对方自然会掏心掏肺，内心的压力也就倾诉出来了。当然，许多时候，他也未必透彻了解自己的烦心事因何而来，这需要你慢慢引导。

**心理小贴士**

当人们有这样的一些躯体动作特写时：他不停地用手指抚摸或梳理自己的头发。在排除一些其他因素的情况下，说明对方有一定的心理压力，我们应该做的是帮助对方从烦心事中解放出来。

# 第12章　躯体动作透露的心理活动

一个人的心理状况是可以从他的一些躯体动作中看出来的，如站姿、坐姿、抽烟的姿势等，我们要学会“窥一斑而知全貌”“一滴水看见海洋”。了解这些动作背后的含义，能帮助我们学会如何看透别人的行为动机，把思想和注意力引向正确的方向，还能帮助我们丰富自己的表达方式，采取正确的应对他人的策略。

## 站姿暗含的心理信息

老刘现在已经四十岁了，他是个典型的“无所谓”先生，从年轻时候开始，他就好像变得什么都无所谓的样子。

通常，在公共场合，人们看到的他都是这样一个姿势：两脚并拢或自然站立，双手交叉背在身后。

他和朋友出去吃饭，朋友问他要吃什么，他说：“随便啦，怎么样都行。”

后来，到了结婚的年纪，家里父母开始着急了，问他的个人问题，他的回答是：“随缘吧。”再后来，经过亲戚介绍，他认识了现在的妻子，家人问他对女孩子的印象，他回答：“你说呢？”看样子，从他嘴里，永远问不到一个明确的答案。

儿子开始上小学后，变得调皮、不爱学习，妻子为教育孩子的事头疼

得不得了，他倒安慰妻子：“让他去吧，儿孙自有儿孙福。”妻子气不打一处来，他一笑了之。

单位新来的小伙子在工作上很认真，经常是大家下班后他还在工作，老刘看到后，对他说：“年轻人，不必那么认真吧！”一句话让小伙子丈二和尚摸不着头脑。

……

可以说，故事中的老刘就是个典型的“无所谓”先生，这一点，从他的日常生活中的站姿已经看出来。这里，我们可以说，经常有这样站姿的人一般都可以与人相处得比较融洽，很大的原因可能是由于他们很少对别人说“不”，他们的快乐来源于他们对生活的满足。

当然，一个人的站姿有很多种，心理专家经过研究后提出：不同的站姿往往反映出一个人的性格特点。不同的生活习惯、起居饮食、言谈举止、厌恶爱好以及意识倾向会决定一个人的站立姿势，也就是说，我们可以通过一个人的站姿看出一个人的性格特征和内心真实情感。如果你仔细观察揣摩，会发现站立这种简单的动作也是百人百样。你只要细心观察你周围的人，就可以从他们站立的姿势中探知其心理活动：

1. 含胸、背部微驼

很多女孩子在青春期发育时对身体的变化没有树立健康积极的认识，容易表现出这种站相。这样的人往往缺乏自信，如若是女孩子，则是很单纯的类型，需要加强保护或积极引导。

2. 挺胸收腹、双目平视

这种人往往有充分的自信，要不就是十分注意个人形象，或此时心情十分乐观愉快。

3. 两手叉腰而立

这是具有自信心和心理上优势的表示。如果加上双脚分开比肩宽，整个躯体显得膨胀，往往存在着潜在的进攻性，若再加上脚尖拍打地面的动

作，则暗示着领导力和权威。

4. 单腿直立，另一腿或弯曲或交叉或斜置于一侧

表达一种保留态度或轻微拒绝的意思，也可能是感到拘束和缺乏信心的表示。

5. 将双手插入口袋

不表露心思、暗中策划的表现；若同时弯腰弓背，可能说明事业或生活上出现了不顺心的事。

6. 喜欢倚靠站立，不是靠墙，就是靠着人

这类人好的方面是比较坦白，容易接纳别人。不好的方面就是缺乏独立性，总喜欢走捷径。

7. 遮羞式站立

手有意无意遮住裆部，一般是男性采取的动作。遮住要害部位，是一个防御性动作，说明心里忐忑不安，准备遭受批评和不赞同。

8. 双脚成内八字状站立

多为女性的站姿，有软化态度的意味。许多女性在担心自己显得支配欲和好胜心太强时，往往采取这种站姿。

9. 双脚并拢，双手交叉站立

并拢的双脚表示谨小慎微、追求完美。这种人看起来缺乏进取心，但往往韧性很强，是属于平静而顽强的人。

10. 背手站立

背手暗含有“不想把手弄脏，所以把它搁置一边”的意思，这类人通常是自信力很强的人，喜欢控制和把握局势，或自恃是居高临下的强者。但是，如果一只手从后面抓住另一只手的手臂，则可能是在压抑自己的愤怒或其他负面情绪。但是，在服务行业中，这种站姿又可能想表明“我没有行动，没有威胁”的意思。

当然，以上只是一些简单的介绍，只供参考。其实，如果仔细观察一

个人的话，是可以从一些蛛丝马迹中发现一个规律的。

心理小贴士

站姿是性格和心理活动的一面镜子，从站立的姿势，可以探知一个人的真实内心。

# 从一个人的坐姿看心理

“我已经三十多岁了，周围的姐妹已经纷纷结婚了，无奈，我不得不加入相亲的大潮中。我并不排斥这种结交异性的方式，也许真的能认识一个和自己很合适的人呢？在我的相亲经历中，有一个男士给我的印象很深刻，后来，我们成了很好的朋友。

“那天，天下着雨，我比预约时间早到了二十分钟，于是，我就选了咖啡厅靠窗的位置坐了下来。我在想，既然都下雨了，那人应该不会来了吧。没想到他居然踩着点来了，并且，很有礼貌地跟我打了招呼。他给我的第一印象非常不错，这样一个彬彬有礼的男士相信谁也不会讨厌。但接下来，我从他的身体语言中发现，他和我是同一类人。

“他虽然块头不小，但在介绍完自己后，就蜷缩在沙发里，把双手夹在大腿中间。并且，无论我们聊什么，他好像都不大愿意更换自己的坐姿，我想那对于他来说应该是最舒服的。因为很明显，他是个自卑的人，而我想找个自信，能替我拿主意的人。后面的谈话证实了我的想法，除了刚开始见面时，他冲我微笑了一下之外，后面他就一直呆若木鸡般。

“为了使整个谈话的气氛不那么僵硬，我开始主动找话题，我发现，我们惊地相似，我们都为自己瘦小的身材而感到自卑，都喜欢宅在家里，一到周末，宁愿自己在家做做点心、看看电视，也不愿意出去和朋友玩……

“聊到最后，我们竟都感觉有点相见恨晚。

“后来，我们再联系时，完全没有因为相亲失败而苦恼，相反，我们为交到一个好朋友而高兴。”

古人云，物以类聚，性格相似的人很容易成为朋友，很明显，故事的女主人公和她的相亲对象的结交经历就证明了这一点。她很清楚自己需要什么样的伴侣，在通过观察相亲对象的肢体语言——蜷缩在沙发里、把双手夹在大腿中间这个动作判断出对方和自己性格类似时，她发现彼此更适合做朋友。

专家们研究和分析得出，通过一个人的坐姿，也可以了解他的性格和心理。

经常正襟危坐的、目不斜视的人：是力求完美，办事周密而讲究实际的人。这种人只做那些有把握的事，从不冒险行事，但他们往往缺乏创新与灵活性。

爱侧身坐在椅子上的人：他们心里感觉舒畅，觉得没有必要给他人留下什么好印象。他们往往是感情外露、不拘小节者。

把身体尽力蜷缩一起、双手夹在大腿中而坐的人：往往自卑感较重，谦逊而缺乏自信，大多属服从型性格。

敞开手脚而坐的人：可能具有主管一切的偏好，有指挥者的天质或支配性的性格，也可能是性格外向，不知天高地厚，不拘小节的人。女性若采用这种坐姿，还表明她们缺乏性的经验。

将一只脚别在另一只脚后而坐的人：一般是害羞、忸怩、胆怯和缺乏自信心的女性。

踝部交叉而坐的人：当男人显示这种姿态时，他们通常还将握起的双拳放在膝盖上，或用双手紧紧抓住椅子的扶手；而女性采用这种姿势时，通常在双脚相别的同时，双手会自然地放在膝盖上或将一只手压在另一只手上。大量研究表明，这是一种控制消极思维外流、控制感情、控制紧张情绪和恐惧心理、表示警惕或防范的人体姿势。

将椅子转过来，跨骑而坐的人：这是当人们面临语言威胁，对他人的

讲话感到厌烦或想压下别人在谈话中的优势而做出的一种防护行为。有这种习惯的人，一般总想唯我独尊，称王称霸。

在他人面前猛然而坐的人：表面上是一种随随便便、不大拘小节的样子，其实说明此人隐藏着不安，或有心事不愿告人，因此不自觉地用这个动作来掩饰自己的抑制心理。

坐在椅子上摇摆或抖动腿部或用脚尖拍打地板的人：说明其内心焦躁、不安、不耐烦或为了摆脱某种紧张感而为之。

和你坐在一起而有意识挪动身体的人：说明他在心理上想要与你保持一定距离。并排而坐的两个人要比对坐着的两个人在心理上更有共同感。

喜欢对着坐比喜欢并排而坐的人：更希望自己能被对方所理解。

斜躺在椅子上的人比坐在他旁边的人：具有心理上的优越感，或者处于高于对方的地位。

直挺着腰而坐的人：可能是表示对对方的恭顺之意，也可能表示被对方的言谈激起浓厚的兴趣，或者是欲向对方表示心理上的优势。

**心理小贴士**

一个人的坐姿，可以反映一个人惯常的性格特征和此时此刻的心理，观察他人的坐姿，能帮助我们更清晰地掌握人心。

## 为什么有些人会不自觉地抖腿

对于所有情侣来说，恋爱谈到一定阶段就要谈婚论嫁，就免不了要见家长。小杨与小米恋爱半年多了，小杨决定正式见见小米父母。于是，为了体现自己的诚意，小杨去酒店订了一桌酒席。

这天，小杨很快到了酒店，他紧张不安地等待着小米父母的到来。终于，这一家人姗姗而来。

一番介绍后，小杨便对小米父母说："叔叔阿姨，我听小米说你们有一些忌口，就点了一些你们爱吃的菜，希望你们别嫌弃。"小杨很紧张地说完了这句话，他留意了一下小米母亲的表情，虽然对他笑了笑，但很明显，好像并不满意。

接下来的一顿饭，虽然小米尽力从中斡旋，但小米母亲似乎都不大高兴，她和小杨都觉得莫名其妙。

饭后，小杨给已经和父母一起离开的小米发了条短信："你帮我问问，我哪里做得不好？"

"收到，放心，包在我身上。"

回到家后，小米母亲把包重重地摔在沙发上，不高兴地说："还说什么研究生毕业，这么没教养？"

"老伴，咋了，刚才吃饭的时候我就看到你脸色不对了，那孩子挺好的啊，怎么就没教养了？"

"你老花眼了吧，他一直在那儿抖腿你没看见？我看，他要是动作再大点，整个桌子就要给他掀了。"

"哎，我看你是误会了，这是紧张焦虑引起的表现，你以为他不想给我们一个好印象？但越是想表现自己，越是紧张。"

这时候，小米也解释道："是啊，他平时没有抖腿的习惯的，即便和那些大客户交谈，他也能镇定自若。看来，您真是冤枉他了。"

……

恐怕，生活中，我们也遇到这样的情况，他人与我们交谈时会不自觉地抖腿，我们可能也会指责对方不尊重人，对于这样的情况，长辈们可能还会说"什么臭毛病！"然而，这样的指责，有时候还真受得有点冤。就如同故事中的小杨一样，他就是因为不自觉地抖腿被小米母亲认为是没有教养的表现，不过庆幸的是，小米的父亲为他进行了一番解释。

民间有个说法是"男抖穷，女抖贱"，虽然专家表示这是无稽之谈，

但也从侧面反映出抖腿在每个人身上都是再正常不过的事情。的确，正常人抖腿没有任何临床意义，这只是一种自我放松，毫无意识的。曾有心理学专家称，在人际交往中，真实信息的反应往往是通过非语言传递的，而肢体动作就是其中的一部分。通常来说，与他人互动可以有三种表现状态，即融洽、对立和回避。抖腿则可以简单归类到回避反应中。回避状态多源于内心焦虑、没有安全感，非生理疾病性质的抖腿也是如此。比如，一个人在向许多人汇报工作时，常会不自觉地腿发抖，这多半就是心里没底，紧张、焦虑所致。从这个角度说，抖腿有时候还表明了一个人的不自信。

因此，我们可以说，抖腿是正常现象。不过观察发现，人在全神贯注做事情的时候，一般不会抖腿，通常都是比较无聊的时候会发生，这是一种不自觉的现象。有些人平时抖习惯了，不抖还难过。

此外，也有专家从生理学角度，对抖腿动作进行了类比分析。从生理学上讲，久坐或久站不动，都会让腿感到不舒服，血流不畅，所以在自觉不舒服的情况下，人就会在无意识中活动起来，以促进血液流通，缓解不适。而在心理方面也有类似的意思：当心理较长时间处于紧张、焦虑状态时，人就会不自觉地作出缓解反应。

当然，抖腿也与个人习惯有关。一般最早时只是偶然反应，久而久之即形成自然反应，最后变成条件反射。因此，要想有所改变，除了自我调试焦虑心态外，还应有意识地进行强化改变，就像强迫自己改掉坏习惯一样。

总之，心理上来讲，抖动单腿或双腿是一种放松的表现，是自己下意识的放松。当然人在轻微紧张的时候也有可能会抖腿。如果是不能控制的抖腿那就要去看看神经科医生了。

**心理小贴士**

抖腿是用于放松神经，促进血液循环，给大脑发出“指令”，使人体减消一部分的疲倦的一种不自觉的方法。

# 叉腰暗示了什么

某幼儿园招聘老师。这天，有两位应聘者来到了园长办公室，一男一女，看过二人的简历后，园长很满意地点了点头，因为他们都有好几年的从业经验。但两名都很优秀的应聘者让园长也犯愁了：现在幼儿园只需要一名老师，该选谁呢？

不过，丰富的识人经验让校长最终淘汰了那个看似很温柔的女孩。事后，其他老师询问园长为什么这样选择。

“难道是因为幼儿园都是女老师，需要调剂一下？”有个老师这样开玩笑。

“好吧，跟你们分享一下。他们两个人都挺优秀的，但那个女孩可能不大适合和小朋友相处，在他们来到办公室后，我就留意到她的一个姿势：总是用手叉腰，即使坐下来，她还喜欢这样，我以前阅读过一些识人心理方面的书，这类人一般都有强烈的控制欲望和支配欲。当然，我不能仅凭这一动作给一个人下定论，后来，我研究了一下，她虽然做了很多年的幼儿园老师，但在每个幼儿园的时间做的并不长，最长的也不过三个月。我想，她是一个爱好幼儿园工作的女孩，但可能在与孩子的相处过程中并不愉快吧……”

这则案例中，这名幼儿园园长是善于识人的，在发现应聘者有叉腰这一习惯性动作后，他初步判断出对方是个强势的人，然后，通过对对方简历的分析，他更确定自己的判断。的确，一个与孩子相处不好的人又怎么适合做幼儿园老师这一工作呢？

从这一案例中，我们不难得出，双手叉腰，双肘向外，这是古典体态语，象征着命令，同时也意味着在与人接触中，他更希望自己可以支配别人，有强烈的领导意识。

另外，在某些场合，叉腰姿势导致了对别人的冒犯。例如，第二次世

界大战结束时，在接受了日本人的投降后，道格拉斯·麦克阿瑟将军站在日本天皇旁边，拍了一张照片。天皇站在那里，小心翼翼地把双手置于身边，不敢造次，而麦克阿瑟将军把手置于髋上。日本人把这个漫不经心的姿势视为大不敬的标志。

我们可以看出，当你与别人聊天时，你的一些小动作很容易泄露你的潜在态度。当然，在某些情况下，双手叉腰也能帮助我们宣誓主权和自己的立场，让我们看起来更有支配性。

那人们这一动作的心理动因是什么呢？从起源上来看，可能是源于面对敌人时，把双臂张开或者插在腰间，想通过扩张自己正面的面积来恐吓敌人。这只是一种猜测。但是自然界中有很多生物都是以这种方法御敌的，所以不排除这样一种假设。假设成立的话，现代人习惯性地作这种姿势，表明他是一个生活上强势的人，在各个方面或者某一方面咄咄逼人。但反过来说，这种姿势也可以传达出其在掩饰内心的不安和怯懦。很简单的道理，越是内心不强大的人，他越是会找出各种方法来掩饰自己，这是性格上的两个极端，这两种性格的心理动因都是相似的。

总之，我们能总结出一点：叉腰这一动作暗示的是强势心理，有进攻意味我们。与喜欢叉腰的人打交道，需要根据具体情况，找到具体的应对策略。比如，如果他是你的领导，那么，你最好顺从他，听从他的指示办事；而在谈判中，要想占据有利形势，你就不要被对方的“花架子”所吓倒，你需要告诉自己：他只不过是只纸老虎，气场不足才会有这样的动作。进行这样的心理暗示，会让你更有底气。

**心理小贴士**

双手叉腰，在很多文化里都表示愤怒，挑衅，或者辅助质疑，总之在身体语言里，双手叉腰都是一种强势符号。

# 绝望时抱头是天生的

老林是一名心理学专家，他的儿子小林也很喜欢心理学，他经常在生活中对自己的父亲问长问短。

这天，父子俩吃完饭后一起看足球赛。不过可惜的是，他们喜欢的那一队输了。

“怎么会这样，我一直看好他们的。”小林感叹道。

“哎，别想了，输了就输了吧，也许下一届他们能赢回来。”

“不过，我看他们是绝望了。”小林说。

“为什么这么说？”老林问。

“他们全体队员都在抱头了啊，这不是绝望的表现吗？”

“你小子不错啊，都能看出这点。不过你也不必担心，每个足球队也都有自己的心理辅导员，他们沮丧的情绪很快会平复的。”

“嗯，希望如此吧。不过，爸爸，我不明白的是，为什么人在绝望时会抱头呢？”

“你这问题问得好。其实，人的这一动作是天生的，在我们还很小甚至可以追溯到婴儿期的时候，我们什么都不会，那时候我们就是无助的。此时，母亲会经常托起我们的头，也就是从那时候起，我们在绝望时便会有抱头这个习惯性动作。”

“原来是这样啊……”

这里，老林解释了足球运动员为什么在比赛失利时会习惯性地抱头：这是一种天生的、不学即会的回应，它是用来保护头部的。但它保护头部，不是为了抵抗物理意义上的打击，而是为了抵抗心理上的伤害。

在这种情况下，一个足球运动员要想慰藉自己，能做的不多。他不能对着自己说话，不能轻拍自己的后背，或者给自己一个拥抱。不过，他可以通过“支头”来慰藉自己。尽管他并没有意识到这一点，但是用手围住自己的后脑勺，实际上是在重复他妈妈的一个动作，在他还是一个无助的婴儿时，他妈妈常常托起他的头。

除了体育比赛，我们还发现，在宣布政治选举的结果时，失败的候选人会掩住眼睛或嘴巴，甚至整个脸孔。捂住眼睛，是在阻止自己看到令人悲伤的事情。这也是同样的道理。

另外，在一些战争中，那些战俘通常也会有这一动作，这就是投降的意思。它是有一定的历史渊源的。最初人们对俘虏都是要求他们把双手举过头顶，后来因为双手举过头顶被符号化了，带有了部分侮辱人格的意思，所以就改成双手抱头了。

因为手放在别的地方，要做出突然的动作，如掏枪，相对容易一些，速度可以很快；但放在脑后或举过头顶，由于幅度较大，肱三头肌的拉伸几乎到了极限，要做出一个快速动作是很难的。

这样做的目的，就是让他的反抗反应时间尽可能延长，以便于看管人可以从容作出反应。

另外，手放在脑后，手臂可以部分地遮挡他自己的视觉和听觉范围，也可以防止他做小动作。可见，在这一点上，双手抱头和双手举过头顶效果是一样的。

生活中，我们看见经常在抓获歹徒时，让其用双手抱住头，其实也是这个道理，双手抱头后，他们就没有反抗能力了。

**心理小贴士**

当人们面对突如其来的危机而恐惧和无奈的时候，人们会下意识地抱头，这一动作更多时候并不是为了阻止生理上的伤害，而是为了获得心理安慰。日常生活中，如果你的朋友或者身边的亲人有这样的动作，那么，此时，他们是需要安慰的，用你的温暖关怀他，会让他减轻绝望情绪带来的伤害。

# 第13章　职场中的心理分析

身处职场，我们都处于复杂的人际网络中。我们不仅需要和上司、同事、下属打交道，还有可能需要和客户、面试官交流，不同的人有不同的性格、不同的行为方式，需要我们用不同的方式面对。而首先，我们只有先做到洞察他人的性格并善于研究各色各样的人物，才能在职场中左右逢源、游刃有余。

## 细心观察，找准时机和上司沟通

绍斌是一家大型健身器材公司的业务经理。可能是由于他本身性格的原因——老实本分，不善言谈，他带领的团队业绩一直不理想。面临销售“瓶颈”，他的直属上司给他下了一道死命令——必须做出新的销售方案，解决眼下的销售问题。苦思冥想后的他终于做出了一套新的方案。在他向上司汇报工作方案并征求其意见时，却不料上司总让他自己去找解决的办法。可见，绍斌的方案并没有让上司满意。令绍斌不解和气恼的是，他明显感觉到最近一段时间，上司好像跟自己有仇似的，即使是别的部门出现了一些故障，开例会的时候，上司也总是拿他出气，这些传到下属耳朵里，让他很没面子。绍斌思前想后，自己并未得罪过上司啊，那他为什么几次拒绝自己的销售方案，也并不给一点意见呢？他到底想怎样？绍斌觉得自己肯定是要被炒鱿鱼了，想到这些，他就烦躁不安。于是，他决定

豁出去，跟上司摊牌。

这天，他坐在自己的办公椅上，远远看到上司笑眯眯地进了他自己的办公室。他心想，上司的心情应该不错，于是，他鼓足了勇气敲开了上司办公室的门，并表明自己有一些不解的问题要请教。上司请他坐下后，他告诉上司，他很喜欢这个工作，也很热爱自己的团队和公司，更希望在上司的带领下好好发展和提高自己，同时也希望自己可以帮助上司一起将公司发展壮大。上司一听绍斌有这样的想法，高兴得直点头。绍斌一看上司已经在心理上接受了自己，就开始慢慢诚恳地陈述自己最近心头的一些疑惑，希望上司能真心地帮助自己，并给自己今后的工作方案之类的东西以更为明确的指示和指导。

听到这时，上司明白了绍斌的真正来意，哈哈大笑，然后就说："你每次让我给你提建议时总是笼统地问这个计划行不行、那个问题怎么解决，由于我不在第一线，所以没办法给你具体的指导，只好叫你自己去找办法了。"

这次开诚布公的面谈让绍斌明白了自己与上司沟通不畅的症结所在。他知道是自己诚恳自然的表达让上司了解了自己。这时，他一下子感觉到了工作的轻松，原来的困惑与不安都被抛到了九霄云外。

故事中绍斌的做法很明显是对的，也是值得学习的。他是个懂得察言观色的下属，根据上司的表情，他发现上司心情不错，于是，他便趁此机会与上司沟通。当他诚恳地要求主管领导一步一步、仔细具体地告诉他正确的做法和方向时，领导也进入了角色。如此开诚布公的交谈，上下级之间的关系会更紧密，于人于己都有益。

的确，身处职场，我们每个人都有自己的上司，都免不了要与上司打交道，是否懂得在正确的时机说对的话、做对的事，事关我们的职场命运。而要做到这一点，就需要我们细心一点，学会揣摩、分析上司的心思。比如，如果你想提升职、加薪的事，那么，最好选择上司心情好的时候；如果你发现上司绷着脸，那你最好不要向他提及一些可能会加重他负面情绪的事……

有人说，每个领导的眼睛都是雪亮的。的确，此话不假，也许他早已经看到你，认为你是个值得培养的人才。也许他正在寻找机会考验你，也许他正想为你安排一个重大的任务，也许他正想给你一个培训和学习的机会，为你的职业生涯发展提供条件。但实际上，很多领导日理万机，不可能对每个员工的动态都能作出准确的判断。那么，这就更需要我们学会察言观色，学会摸清领导的心理，然后选择合适的机会与领导沟通，然后表现自己，进而最终达到我们的目的。

**心理小贴士**

身在职场，如果你想赢取领导尤其是老板的钟爱或信任与重用，想起领导视你为心腹或常伴左右的得力助手，就需要表达自己的诚心，这样，你将获得莫大助益，从而在职场上一帆风顺，扶摇直上。

## 细心解读客户的身体语言

刘毅是一名暖气片业务员。刚进入冬天不久，生意逐渐地火暴起来了。这天，刘毅一大早就敲开了一家装修公司经理的家门，对方把他让到了家里，入座之后，刘毅就开始滔滔不绝地介绍自己的暖气片的功能和特点，以及客户用了他们暖气片的好处。

在说话之余，刘毅观察到经理时不时地点头。介绍完之后，他立即拿出合同要求经理在合同上签字。就这样，刘毅一鼓作气签下了十几万的大单子。刘毅没有忘记老业务员说给他的：当客户频频点头的时候，是签合同的最佳时刻。他观察到经理不断地点头，时而托着脸沉思，觉得这个时候是签合同的最佳时机。

从这个故事中我们可以了解到，客户不经意间流露出来的一些动作，往往能映射出对方的心理倾向。刘毅正是抓住了经理不断点头的动作，进而分析得出经理对自己的产品的认同，进而把握住了顾客的心理，成功地完成了交易。

同样，我们在与客户打交道的过程中，要多注意观察顾客的微小动作，尤其是这些看起来不经意间流露出来的动作，往往能把顾客的态度和倾向泄露出来。当你掌握了顾客的态度之后，顺着顾客的心意，就能做成生意。

心理学研究发现，一个人向外界传达信息的时候，单纯靠语言表达的成分只有7%，语气和声调占了38%，剩下的5%基本上都来自于肢体语言。很多时候人在用肢体传递信息的时候，自己并不觉察。客户也是同样的，尽管嘴上说很多客气的话敷衍我们，但是却无法掩饰肢体语言所透露出来的真实信息。我们在和客户的接触中，不能单纯地听客户说什么，要从客户的身体语言来洞悉客户的心理。从客户的眼睛、手、脚等不同部位的动作和举措中捕捉有价值的信息，从口头语和声调变化中正确解读客户的所思所想。

通常来说，我们可以从以下简单的肢体语言中判断出客户对产品的态度：

1. 点头表示认同

点头在一定程度上表达了赞许和认可，基本上表达着一种肯定的意思。如果在销售人员和客户的交谈当中，客户不断地点头，那就是说客户对你很感兴趣，示意你继续说下去。这时候基本上离合作已经不远了。但是也要注意客户点头的频率，如果点头的频率过快，那就有了否定的意思，表示客户对你很反感，这时候一定要适可而止，尽快结束发言，以免惹怒对方，使合作彻底地失去希望。

2. 客户直直地盯着我们看，是质疑的表现

在和客户的交流过程中，很多客户会直直地盯着我们看，有些人还以为客户对我们感兴趣，事实上，客户盯着你看，很大成分上是对你的质疑，对你所持的观点反对和不赞同。这时候你如果解读错了，往往了解不

了顾客的态度和情感。这样一来，无形之中就把顾客和你对立了起来。试想，如此情况下，客户怎么可能和你合作呢?

3. 用手捂着嘴巴表示他要撒谎

如果在交流的时候，客户下意识地用手捂着嘴巴，那么你要明白了，顾客要撒谎了。这时候，作为销售员的你不妨直接询问："有什么问题吗？"或者问："你觉得有什么不合适的地方吗？"要么你直接就说："我觉得你有不同的想法和见解，你说说，我们交换一下想法，看问题出在哪里。"这样一来，客户把自己的想法说了出来，销售员才能了解客户的想法，真正地帮助客户解决问题。

由此可见，从客户的身体语言中我们能把握客户的心理变化和情绪的变化，可以说，客户的肢体语言就是客户心理的"晴雨表"，对方的心态怎么样，情绪怎么样，完全能从其各种肢体语言中得到答案。

**心理小贴士**

人们在交往的时候，很多情况下，嘴里所说的话和身体语言所表达出来的意思是不相符合的，人的嘴巴可能会说谎，但是身体永远不会说谎。学会解读客户的身体语言，才能帮助我们把握客户的心理变化，才能让我们了解对方在想什么，才能让我们明白如何去顺应客户的心理、如何和顾客达成合作交易。

## 别让这些小动作影响你的面试

章明是某大学的大四学生，学习人力资源管理专业，因为还有半年就要毕业，所以他已经开始找工作了。一个偶然的机会，他听说自己向往已久的一家大型国企招聘人力资源主管，因此便抱着试试看的心态投递了简历。虽然这家公司想招聘有工作经验的人，但是，因为章明的条件比较

好，所以还是网开一面给了章明面试的机会。

机会来之不易，看着黑压压的面试人群，章明十分紧张。面试分为初试和复试，因为准备充分，所以章明顺利地通过了初试。他欣喜若狂，觉得自己离心仪的工作又近了一步。复试的时候，由总监亲自当考官，不过，没有什么设计好的问题，只是看似随意的交谈。总监很和善，章明在总监的引导下，有条不紊地回答着总监的提问，心情渐渐放松了。不知不觉中，他把手插到了裤兜里，和总监侃侃而谈。不一会儿，谈话结束了，在章明离开之前，总监淡淡地提醒他道："小伙子，我认为你各方面的条件都很好，虽然没有工作经验，但也是个可塑之材。不过，我想提醒你，下次面试的时候千万不要把手插在裤兜里！"听完总监的话，章明的心凉了半截，他知道自己已经失去了这个千载难逢的工作机会，而唯一的原因是他不合时宜地把手插到了裤兜里。

我们每个人都可能有一些习惯性的小动作，但面试中，无论你和面试官谈得多么融洽，都不能忘乎所以。案例中的章明，如果不是因为忽视了手插在裤兜里给人的不良印象，怎么会与心仪已久的工作失之交臂呢？

的确，面试是每个求职者的必经之路。既然要面试，就免不了要与面试官打交道。考官考察的是面试者的多种能力，不同的能力自然能够为求职者带来不同的面试机会。但你需要明白的是，即使你再有才华，你的经验再丰富，在面试过程中，如果你不注意收敛自己的一些小动作，那么你也可能被踢出局。

那么你该如何避免在身体语言上犯错呢？以下是一些能令你失去工作机会的错误身体语言：

1. 握手时软弱无力

你应该做的是，站起身来，自信地走到你的面试官面前，然后面带微笑，与其进行眼神交流。握手时千万不能软弱无力，但你也需要记住，力度也不可太大，好的握手的诀窍是手掌与手掌接触。伸出你的手，将手自然滑落到对方的手掌范围内，让手掌与手掌相接触。与对方大拇指紧扣，与对方施用同样的力道。但记住合适的力道因文化不同而有所差异。

2. 不可套近乎、侵犯其个人空间

每个人都有领地意识，另外对方毕竟是面试官，不要站得太近，当然也不要拥抱他们。

3. 不良的姿势

坐姿要挺拔，不对称的身体语言能让你看上去局促不安或不诚实。

4. 交叉双臂

那样会使得你看上去显得很自我，且有防备之嫌。如果你能在交谈时选择用双手来作一些手势，那么你的表达就有激情多了。

5. 拨弄头发

虽然它能让你减轻一些压力，但显得很孩子气。另外，这样也会分散面试官的注意力。

6. 缺乏眼神交流

面试时，偶尔移动双眼的眼神是很正常的，但当面试官与你交流时，请一定要与之进行眼神交流，你要将眼神交流视为一个联系工具。

7. 坐立不安

不要摸你的脸、摆弄口袋里的零钱或咬指甲。坐立不安既令人分心，也是焦虑的一种表现。

8. 隐藏你的双手

不要坐在你的双手上，也不要把双手藏在你的大腿中间，而应把手放在椅子扶手上或桌子上或用来作手势。手势使你看上去更具表达力，面试官能够通过关注你的双手而解读出你有多么地诚恳。

**心理小贴士**

面试过程中，一个人的实力、自信还有紧张程度，以及你有多么开诚布公和多么诚实，都能通过身体语言来传达。但你需要记住一些面试中不能做的小动作，它们只会让你在面试官心中减分。

# 观察考官，学会准确地表达

有人说，求职面试其实就像一场推销。当你面试的时候，你其实就是一名推销者。应聘者的目的是什么？把自己推荐给考官，努力让自己被考官选择。推销者的目的无非也是将自己的货物推荐给客户，让客户选择自己的货物。因此，不难看出，应聘与推销在本质上是没有什么差别的。我们应当在应聘时把自己当成推销员手中的货物，把考官当成是客户。所谓推销手段的高明与否，就是能否投其所好地说出客户最爱听的话，并设法跳进对方的口袋，掏出对方的钞票。所以，如果能察言观色、想尽办法掌握考官的心理，然后投其所好地表达，使能跳入考官的口袋，让他们“就范”。

那么，具体来说，我们该怎样做呢？

1. 打破沉默，善于沟通

不管出于何种原因，不会说话都是求职大忌，很容易让人怀疑此人的能力。

往往面试开始时，应试者不善于打破沉默，而等待面试官打开话匣子。面试中，面试者又出于种种顾虑，不愿主动说话，结果使面试出现冷场。即便能勉强打破沉默，语音语调也极其生硬，使场面更显尴尬。实际上，无论是面试前或面试中，面试者主动致意与交谈，会留给面试官热情和善于与人交谈的良好印象。

我们不妨从“自我介绍”开始。介绍自己时不要结结巴巴，回答问题要理清思路，不能让人摸不着头脑，声音要洪亮，咬字要清楚，尽可能让沟通顺畅。这样说话，才会让考官觉得：这名求职者很自信，表达到位！这对面试过程的顺利进行是极有好处的。

然后你可以寻找一些感性而轻松的话题，最好你能火眼金睛地看出他的一些兴趣。比如说：小麦色的皮肤说明他很爱户外运动，说话中明显的e

时代特色是在告诉你他也是网络一族，试着和他聊一聊。记住，在聊天的过程中，要对他的话作出及时的反应，说一些不会令自己“死机”的话，这样可以使他提升对你的兴趣。

2. 语言要形象生动、富有情趣

在面试交谈中，应试者每时每刻都应该使自己的语言形象生动，富有情趣。如果交谈者情理相容，讲出的话带有感情渲染的意味，讲话不呆板，会给考官一个精明强干的印象。表达要简洁、清晰、直率、准确。切记不用模棱两可的话语或模糊性语言，不卖弄学问。针对问题，干干脆脆地回答，使考官产生一种舒适感。

3. 重视考官的微表情，适时调整话题或自己的观点

“微表情”不是求职者的专有名词，考官也有“微表情”。求职者如果能“察言观色”，也可以洞察面试官的内心，并在面试中“投其所好”，适时调整或转换一些考官没有兴趣的话题或不赞同的观点。

人力资源专家认为，读懂考官的“微表情”，有利于在面试中及时扭转败局。例如，有人说，面试时考官的右手总是撑在脸上，中指封在嘴上，食指伸直指向右眼角，左臂横在胸前，目光很少对着求职者，这样的肢体语言，基本可以表示他对面试者不感兴趣。

4. 巧妙回答一些尖锐的问题

比如，考官问你：“你为什么要辞去以前的工作？”

如果按照诚实原则，应当回答：“我跟经理合不来，他快把我逼疯啦，我必须离开。”但是这样回答之后，你肯定会给人事经理留下一个坏印象：这人可能是一个不太合群的人，他既然跟以前的上级合不来，说不定跟以后的上级也合不来。

再比如，考官问你：“为什么你直到现在还没有找到工作？”

如果按照诚实原则，应当回答：“现在找工作太难啦，我看上人家，人家却看不上我。”而按照恭维原则，应当回答：“我对我以前的工作不

太满意，所以我辞职之后进修去了，参加了一些培训，读了一些书，现在我终于知道我应当去哪里了。”以此恭维应聘公司是一个有档次的地方，只有那些知书达理的人，才会认识到它的价值。当然，这个问题也可以这样回答：“我对选择工作是非常挑剔的，我不想随便找一个没有挑战性的工作。”以此恭维应聘公司是一个有挑战性的地方。面试官作为该公司的代表，也自然乐意接受这样的恭维。

最后，如果考官问你：“你想要多少薪水？”

如果按照诚实原则，应当回答：“月薪五千元。”而按照恭维原则，应当回答：“我会考虑您能提供的最高薪水。”以此恭维应聘公司有鉴赏力和洞察力，能够使公司根据一个职员的能力和经验，支付相应的报酬。

**心理小贴士**

求职面试的时候，知己知彼才能百战百胜，每个人都有爱听好话的弱点，考官也是。那么，我们只有学会观察考官，掌握考官的喜好，说出令考官悦耳的话，才能打动考官的心，进而赢得他们的好感。

## 巧妙应对四类讨厌的同事

物以类聚，人以群分。身处职场，我们总希望自己能找到志同道合的朋友。然而，同在一片屋檐下，与我们相处的同事在性格、为人处世风格上都与我们有很大出入，他们似乎很喜欢探人隐私，或者如祥林嫂般总是在抱怨……对于那些不喜欢的同事，大家同处一个办公室，抬头不见低头见，该怎么办呢？其实，只要我们懂得观察，分析总结出他们的行事、说话风格，便能找出具体的应对策略。

职场专家指出，在职场中，可能招致同事厌烦的人大致有四类，他们或者喜好探人隐私、道人是非，或者凡事都很消极、喜欢抱怨。总之，因

为一些消极、负面的性格及待人处世特征，使得他们成为很多职场人不喜欢的同事。面对不同的同事，我们也应该采取不同的措施与之相处。以下是四条建议：

1. 对于“道人是非”者要打马虎眼

办公室中，有这样一些人，他们似乎精力充沛，别人忙于工作。他们却忙于道人是非。工作之余，那些围在一起叽叽喳喳的人中，他们必定是主角。办公室中，他们似乎对待周围的人都很热心，其实他们只不过为了收集“谈资”而已。

他们之所以有这样的“嗜好”，是妒心过盛的原因，他们心里往往巴不得他人越来越倒霉，越来越困窘。聪明人与这类人交谈，是不会推心置腹的。

对于这样的人，我们在与之相处的时候，无论他谈论谁的是非，都不要发表任何意见，打打马虎眼，“哼”“哈”而过，从而让他知“错”而退。对这种人，不要得罪。对他说的他人是非，也不能赞同。与其言语交流，哼哼哈哈，不失为一种好办法。因为“哼”“哈”是一种模糊语言，既会让道人是非者感受到你的成熟，又让他觉得这项话题无法再交流下去，从而中止谈话，或者使谈话朝着健康方向发展。某些情况下，可以说，“哼”“哈”是一种不可蔑视的处世学问。

2. 对于人生不如意者，要为其鼓气

的确，职场中，也总有这样一些人，他们整日愁眉苦脸、唉声叹气，处于消极悲观的情绪中，无论周围的人在说什么开心之事，他们似乎都提不起兴趣。这样的人多半是因为工作、生活不如意，当一旦遇到可以倾诉的对象，就大诉苦水、怨声载道。

作为局外人的我们，遇到这类人，在我们仔细聆听他们的“不幸”之后会发现，其实没什么大不了的。但在与这种人进行交流时，我们要给其注入活力，为其鼓气。因为在他们的心里，只是缺乏一种能力的肯定，他

们强烈地希望他人肯定其有着了不起的天赋、有着不寻常的水平。与他们进行交流，应该恰当地肯定他的特长，赞扬他的功绩，给其注入蓬勃发展的活力。这样的话，他们会对你非常亲近，并且对你感激不尽的。

3. 遭遇“自我炫耀”者要风趣以对

这样的人，他们喜欢侃侃而谈，与人交谈时总是眉飞色舞，办公室中，他们声音的分贝都比其他同事高。他们总是鼓吹自己能耐大，人缘好，明明自己只有“一分”的能耐，却说自己能做“二分”的事。听者都为其感到脸红，他却浑然不知。

实际上，这类人是典型的内心自卑者，又是个自负者。这种人常常外强中干，其“吹牛”的目的只不过是想引起大家对他的关注，以满足自己的虚荣心。这种胡乱吹嘘给人一种巧言令色、华而不实之感。和他们进行交流，正确的法子是用幽默风趣的话语作答，似是而非，模模糊糊，嘻嘻哈哈，一笑而过。

4. 对于“满口假话”者要纠正其一

“林子大了，什么鸟都有”。职场这一“林”中，也是如此。我们工作的环境中，似乎总是有些人，似乎从来不以真面目示人，他们的话似乎总是半真半假。

与他们交流，我们不能“逆来顺受”，全部接受其观点，而应该懂得一些战略战术。

可能你会疑问，与之交谈，该怎样判断出他是否在撒谎呢？对此，我们可以从其微表情、肢体语言入手。即使他们把谎言编得再完美，这些无声语言也会出卖他。如果发现他在撒谎，那么，你不妨“攻其一点，崩溃全线”，抓住假话中可以攻破的其中一项，然后把握十足地提出反对意见。这样一来，他就会觉得羞愧，那种神采飞扬的气焰立刻就落下去。这种攻其一点的做法，既不会伤及其自尊心，又会让他对自己的撒谎毛病有所改正。

当然，职场中令人讨厌的同事并不止以上四种，这就需要我们在与同事相处的过程中灵活应对，大吵大闹、面红耳赤、大打出手都不可取，最后吃亏的还是自己！

**心理小贴士**

职场中，不同的人都有不同的语言、行事风格，对我们的同事进行一些心理分析，能帮助我们找到具体的应对策略。

# 学会用非语言方式传达你的感受

吴涛是一名航空公司主管，很具亲和力，整个公司上上下下，没有谁说过他的不是。大家有什么心事，也总是对他说，他也从不会拒绝任何人的倾诉。因为他认为，别人愿意跟自己说，是因为他信任自己。

吴涛的顶头上司是一个刚过四十岁的女人，可能是更年期的关系，她最近特别爱发牢骚，公司的人没有没被她找过茬的，唯独吴涛没有。相反，她还经常把吴涛叫到办公室或者是约出去喝茶，两人像姐弟一样。

这天下班后，上司又不回家，坐在办公室，吴涛原本答应女朋友下班去接她，却被她叫了进去。

其实，吴涛是有心理准备的，更年期的女人神经比较紧张，肯定又要说家里怎么样，丈夫、女儿怎么让她生气，领导又怎么难为她，下属不卖力上班。涛一边听着，一边暗自着急，女朋友也不是好惹的，晚上还要和她一起看电影呢。

领导说几句，为了表示自己的赞同，吴涛还是回几句，但吴涛想，必须想办法摆脱领导，不然今天晚上回不去了。于是，他拿出手机，假装回了条短信，可是领导根本没有要停下的意思。然后他又暗地里把手机闹钟打开了，手机响起来了，吴涛抱歉地说："失陪一下，我接个电话。"

"你等一下啊，我一会儿就去接你。现在有个会要开，一会儿给你赔

不是。”

领导一听，吴涛居然为了听自己唠叨向女朋友撒谎，心里很感动，对吴涛说：“你去忙吧，我没事，别耽误了你们约会。”

吴涛是聪明的，面对领导喋喋不休的唠叨，他并没有用语言直接拒绝，而是巧施妙计，用发短信、打电话等方法，让领导自己发现问题，自己提出结束谈话。这样做，不仅没有得罪领导，还让领导感激，可谓是一举两得。

可见，职场中，我们在与同事、领导、下属的沟通中，非口头语言能帮助我们准确地表达自己的想法。这不仅能避免冲突，还能传达真诚，比如，传神的眼神、奋笔疾书的记录、紧锁眉头式的思考等。

当然，我们在运用这些非口头语言的时候，还应注意一些问题：

1. 了解一些基本的肢体语言的含义

手势：柔和的手势表示友好、商量，强硬的手势则意味着：我是对的，你必须听我的。

脸部表情：微笑表示友善礼貌，皱眉表示怀疑和不满意。

眼神：盯着看意味着不礼貌，但也可能表示兴趣，寻求支持。

姿态：双臂环抱表示防御，开会时独坐一隅意味着傲慢或不感兴趣。

声音：演说时抑扬顿挫表明热情，突然停顿是为了造成悬念，吸引注意力。

2. 注意非口头语言的正确表达

案例中吴涛的做法就是值得效仿的，假如他在假装打电话时说“领导还不让我走”，那么，效果就会大大不同。可能领导会结束谈话，但是对他的印象也会大打折扣。

3. 不要忘记回馈对方

一家著名的公司在面试员工的过程中，经常会让10个应聘者在一个空荡的会议室里一起做一个小游戏，很多应聘者在这个时候都感到不知所措。在一起做游戏的时候主考官就在旁边看，他不在乎你说的是什么，也不在乎你说的是否正确，他是看你这三种行为是否都出现，并且这三种行为是有一定比例出现的。如果一个人要表现自己，他的话会非常得多，始终在喋喋不休地说，可想而知，这个人将是第一个被请出考场或者淘汰的一个人。如果你坐在那儿只是听，不说也不问，那么，也将很快被淘汰。只有在游戏的过程中你说你听，同时你会问，这样就意味着你具备一个良好的沟通技巧。

沟通是双方的，即使你运用非口头语言，也不要让你对方感觉自己在唱独角戏。一次完整的沟通，必须包含三个行为，就是有说的行为、听的行为还要有问的行为。

**心理小贴士**

沟通的模式有口头语言和非口头语言两种，语言更擅长沟通的是信息，非口头语言更善于沟通的是人与人之间的思想和情感。职场中，在与他人沟通时，为了避免一些人际冲突，让沟通更有效，我们可以采取非口头语言的沟通方法。

## 一步到位看清周围人的性格

在大学就读商务英语专业的丹丹毕业后经家人介绍进入了一家外企的公关部工作，她的表姐是这家公司另一部门的主管。来公司报道第一天，大家对她都很热情，当时，丹丹心想，同事们真好。

这天下班后，表姐就找到丹丹，问她和大家相处的怎么样，丹丹说：“大家对我都很好啊。”

“知人知面不知心，你得留个心眼。当然，有些同事是不错，不过有些人可就是牛鬼蛇神了。当着你的面，他们对你热情，背后就不知道干什么了。”表姐说。

“那我该怎么办啊？”丹丹着急地问。

“在一个星期内看完这本书，”表姐丢给丹丹一本心理学书籍。接着她说：“学会自己看人，以后你要走的路还很长，看清那些同事们的性格，找到最合适的与他们相处的方式，你才能在这个大公司很好地生存和发展下去。”

“嗯，我明白了……”

身处职场，我们都处于复杂的人际网络中，只有知道如何洞察他人的性格并善于研究各色各样的人物，才能在职场中左右逢源、游刃有余。

这也给我们一定的启示：要读懂周围的同事。对于那些攻于心计，总是处心积虑挖掘别人的内心世界，而从不把真实面目露给世人、懂得周旋于同事和老板之间从而处于交际中的主要地位的同事，你一定要有所提防，不要被他利用，成为他社交布局中的一颗棋子；而对于那些嘴巴好似抹了蜜，但当面一套、背后一套的同事，你最好敬而远之，能避就避，能躲就躲；对于那些得理不饶人、说话刻薄、好揭人短的同事，你要与他拉开距离，尽量不去招惹他，不恼不怒，与他保持相应的距离……

职场只是社交的一个小部分，我们往大处看，在与人相处的时候，更要具备一定的洞察力，一步到位看清对方的性格。比如，从难以伪装的习惯动作看出对方的心态，从被忽略的生活点滴推知对方的性格，这才能在最短的时间内，达到我们的社交目的。那么，在与人交往的过程中，大致要从哪些方面识别一个人的性格呢？

1. 通过谈话来识别

语言是性格的最好体现，我们在不到三分钟的交流中，大致就能看出一个人的性格，那些侃侃而谈的人属于性格外向型；那些谨慎措辞的人一般做事小心；那些喜欢谈论生活点滴的人性格稳定；那些说话颐指气使的人可能习惯了支配下属；那些说话音调高的人，往往性格浮躁、任性……

2. 通过外表和装扮来识别

首先是色彩上，通过一个人的服色可以加深我们对一个人的了解。性格豪放热烈者一般喜欢大红色，他们一般表现欲强，不拘小节；而经常穿橙黄色服装的人是热情好客的，他们的性格色彩是温暖的；喜欢淡蓝色服装的人通常是逍遥超脱者；而常穿翠绿色服装的人许多是高雅者，当然其中也不乏颇为清高的人；总穿深灰色服装的人肯定是在思想上较为保守、办事稳重沉着的人。当然，这些都是一种倾向，并不能给一个人的性格定型。

其次就是装扮的档次、品位等。一个注重服装品位的人同时也很注重个人修养，一个追求高档次服装的人在经济上应该有一定的优越感，同时，也很注重外表。

3. 握手方式上

握手是社交活动和商务礼仪中不可或缺的一部分内容，美国心理学家伊莲嘉兰曾对握手的含义进行了分类，分析认为：握手有8种类型，每种类型代表着不同的含义，显示出不同的性格。

当然，这些方面只是看清他人性格，察觉其心态，洞悉其真实意图所用方法的一部分，这些都能帮助我们在第一次接触、在最短的时间内看透一个人，从而帮助我们成功社交。

**心理小贴士**

现代社会的职场人士，除了要具备一定的职业能力外，还必须学会怎么和同事、上司相处，因此，当我们进入职场的第一天，弄清楚每个人不同的性格，给自己打不同的预防针。

# 第14章 交际行为中的心理分析

随着社会的进步，人们越来越渴望交往，于是，就有了社交。但无论是哪一种社交形式，都需要我们掌握对方的心理，此时，学会心理分析就显得要为重要。交际行为中破译人心，可赢得初次见面的人的信任，得以扩大人脉。由于很能了解对方的心意，可轻松与不好相处的人交往，所以很受欢迎。因此，不管什么人，只要精通心理分析，任何人都能把社交生活经营得有声有色。

## 如何日久见人心

孙膑和庞涓是同学，一同拜鬼谷子先生为师学习兵法。同学期间，两人情谊深厚，并结拜为兄弟，孙膑稍年长，为兄，庞涓为弟。有一年，当听到魏国国君以优厚待遇招求天下贤才到魏国做将相时，庞涓再也耐不住深山学艺的艰苦与寂寞，决定下山，谋求富贵。孙膑则觉得自己学业尚未精熟，还想进一步深造；另外，他也舍不得离开老师，就表示先不出山。

于是庞涓一个人先走了。临行时，对孙膑说：“你我弟兄有八拜之交，情同手足。这一去，如果我能获得魏国重用，一定迎取孙兄，共同建功立业，也不枉来人世一回。”

庞涓在魏国迅速地得到了魏王的重用，慢慢地他的声威与地位也提高了，魏国君臣百姓，都十分尊重他、崇拜他。而庞涓自己，也认为取得

了盖世大功，不时向人夸耀，大有普天之下舍我其谁的气势了。这期间，孙膑却仍在山中跟随先生学习。他原来就比庞涓学得扎实，加上先生见他为人诚挚正派，又把秘不传人的孙武子兵法十三篇教与他学习、领会，因此，孙膑此刻的才能更远远超过庞涓了。

当孙膑下山后，到魏国先去看望庞涓，并住在他府里。庞涓表面表示欢迎，但心里很是不安、不快，唯恐孙膑抢夺他一人独尊独霸的位置。又得知自己下山后，孙膑在先生教诲下，学问才能更高于从前，十分嫉妒，产生了要置孙膑于死地的恶念。在他设计的圈套下，孙膑被挖去了膝盖骨。

孙膑又何曾料到，昔日与自己一起读书习武的庞涓竟会加害于自己。但庞涓最终还是败在了大智若愚的孙膑手里，“马陵之战”中，庞涓被齐国的乱箭射死。

从这个故事中，我们可以得出一个道理：日久见人心。社交中，初次与人交往，应本着“逢人只说三分话，未可全抛一片心”的交往原则，那些善于识人的智者，都能做到见微知著，明察秋毫，从长远处着手，而不是凭一时兴致。

俗话说，黄金万两易得，人生知己难求。在复杂的社会中，我们若想交到真正意义上的朋友，绝非易事，因此，不可凭一时意气。要知道，倘若你交友不慎，那么，很可能会为你带来很多麻烦，甚至会祸害无穷。

然而，好人和坏人都不会写在脸上，怎样才能交到好朋友而远离坏朋友呢？按孔子理论，一要有仁爱之心，愿意与人亲近，有结交朋友的意愿；二要有辨别能力，要有保障交友质量的底线。你可能有各种各样的朋友，或吃喝玩乐的酒肉朋友，或情趣相投的文墨笔友，或在事业上相扶相帮同甘共苦的朋友，但让你一时舒畅、愉悦、满足的，可能恰恰是损者三友。当你失去了被他利用的价值时，他就会变出另外一副狰狞面孔。这样的教训太多了。

所以，要交真正的贤友、诤友，决不能仅凭一时的情义，而要理智把握自己、从长计议，时间能帮助我们辨别人的好坏，认识到人的本质。

当然，“长期考察法”这种有效的识人方法，并没有给我们规定一定的时间，我们应该根据关键事件考察。长期考察的好处，就在于对重复出现的特点有更加准确的判断力。“日久”，客观上创造了很多让人表现的机会，如果关键事件频繁出现，我们就能够把人看准，能够“见人心”了。“日久见人心”的精要就在于用稳定的重复出现的表现，即人的品质，预测这个人未来的行为。

因此，社交中，我们应留点心，不要过早地对一个人掏心掏肺，而应将自己的眼光放远一点，从长计议。这时你就会发现一个道理，人，形形色色，千差万别，在错综复杂的事物背后，人的本质似乎高深莫测，看来看去都是雾里看花，捉摸不定。

**心理小贴士**

社交中，对人的了解是需要一个过程的，是需要时间来验证的，也是需要经过事件的磨炼的。要想真正了解一个人，认识一个人，必须与他（她）打交道，与他（她）处世，方知对方是否可交。

# 打招呼方式表现个性

老王是某事业单位职工，他们和周围邻居的关系都很好，很少得罪人。最近，单位从外地新调来了一位领导，被安排住在老王所在的小区。这天周末的早上，老王准备和妻子去买菜，在小区门口，这位领导看见了老王，便跟老王打招呼：“老王，你好啊。”“您好，周处长。”当时，老王妻子也向这位领导点了点头。

后来，老王发现，周处长每次看见他，都会以这样的方式打招呼，多年的识人经验告诉老王，这位周处长是个藏得很深的人。

有一次，老王听说周处长过生日，便给他送了一幅画。第二天早上，

他看见老王，还是那样打招呼："老王，你好啊。"老王心里纳闷，难道他不喜欢自己送的礼物。谁知道，老王一到办公桌上打开邮件，就发现周处长给自己的留言："老王，谢谢你，我很喜欢你的礼物……"

案例中的周处长是个典型的官。他在人际交往中表现得小心翼翼，不会给人留下口舌，很会注意自己的形象，因此，即便下属送了自己一件很喜欢的礼物，他也会选择暗地里感谢。这样的性格，其实在他几次和老王打招呼的方式中已经显现出来了。

人际交往中，人们刚开始见面或者遇到熟人时，都会采取一种表示友好的方式——打招呼。可以说，打招呼是一种最简便、最直接的礼节，我们每天都有可能需要实施，因此，打招呼的方式也就透露出了关于这个人性格的信息。

1. 打招呼时双方的空间距离，直接显示出双方的心理距离

不难想象，死党、闺蜜们在见面打招呼时会立即走过去，然后给对方一个大大的拥抱或者直呼对方的小名、昵称等，这会让我们感到很亲密。而如果某个人在跟你打招呼的时候下意识地后退几步，在他看来这是礼貌的表现，但你肯定会觉得他是有意识地抗拒你，是对你有所顾忌的表现。

2. 打招呼时不敢看着他人眼睛，多半是自卑所致

你很真诚地看着对方的眼睛打招呼，而对方却没有回应你，而是避开你的眼神，你可能会误解他们是瞧不起人。而实际上并非如此，他们可能是因为自卑或者胆小，因此，你需要抑制你的情感，不需要为此生气。

3. 边注视边点头打招呼的人，怀有戒心

打招呼时伴有注视对方眼睛这一动作的人，可能是对对方怀有戒心，还有一种可能，那就是希望自己处于优势地位。而凝视对方的眼睛，就有可能是借此方式来探测他人心理。

4. 虽然经常见面，还是千篇一律地打招呼，大多是自我防卫、表里不一的人

故事中的周处长就是这样的人。他们虽然与某个人见面次数很多，经

常一起吃饭、喝酒，但他们见面时还是千篇一律地打招呼，这种人具有自我防卫的性格。

5. 初次见面就很随便打招呼的人，是想形成对自己有利的态势

初次见面就很随便地打招呼的人，往往使人大吃一惊。有人常常认为这样的人很轻浮，其实这种人往往很寂寞，非常希望与人亲近。

心理专家提醒，当遇到“见面熟”的男性时，女性要特别小心，切勿使男性有机可乘。这种男性的性格浪漫大方，是个滥情家，性情懦弱，迷恋女性，且其中不乏游手好闲的男性。

6．“招呼常用语”揭示人的性格

“招呼常用语”指的是刚刚与某人结识或与熟人相遇时经常使用的打招呼的话语。心理专家曾有研究表明，从一个人的打招呼用语，可以了解这个人身上的很多性格特点。这些“招呼常用语”有：

“喂！”——他们开朗大方、活泼好动、思维敏捷、富于幽默感。

“你好！”——这类人性格稳定、保守、工作认真、负责、深得朋友信任，他们能很好地控制自己的情感，不容易情绪化。

“看到你真高兴。”——此类人大多性格开朗，待人热情、谦逊，对很多事物都很感兴趣，但容易感情用事。

“最近怎么样？”——这类人爱表现自己、自信、大方、渴望成为社交场合的聚焦，但同时，行动之前，喜欢反复考虑，不轻易采取行动；一旦接受了一项任务，就会全力以赴地投身其中，不圆满完成决不罢休。

“嗨！”——他们比较多愁伤感、腼腆，不希望得罪人，常常会因为怕做错事而不敢尝试，但在与自己熟悉的人面前，他们也比较活泼。在周末或闲暇时间，他们更愿意与爱人一起宅在家中，而不愿外出消磨时光。

**心理小贴士**

打招呼的方式因人而异，从打招呼和应答的方式中，可以反映出一个人的性格特点。

# 分析笔迹背后的心理

李洁经人引荐，得到了去一家时尚前沿杂志面试的机会。这天，她精心打扮了一下：白衬衣、粉红短套装裙，精美的妆容，总之很漂亮，出门前家人都认为她这份工作势在必得。

但中午的时候，李洁回家了，却一副沮丧样。家里人问怎么回事，原来问题是出在了李芳的笔试上——她的字太潦草。

原来，事情是这样的：

李洁应聘的是杂志文字编辑一职，她和其他几位应聘者一样，都带上了自己的文稿，但这几篇文稿文笔相当，面试官不好决策，就咨询主编。巧的是，这位主编是个典型的“老古董”，习惯了古老的考试方式，并且，他认为，一个人的字写的怎么样，很大程度上体现了他的知识素养。于是，他针对时尚界的一些问题，出了一些题目，让这些应聘者现场书写答案。结果，这位主编对李洁的试卷的评论是：字迹潦草，观点模糊。

后来，这位主编留下了一位字体漂亮，尽管资质尚浅的年轻人。这让很多同来面试的人觉得不服气，但他们也只能和李洁一样，自叹自己没有练好字。

这里，我们并不能认为这位主编选用人才的方式就正确。但我们不得不承认的是，很多时候，人们会根据对方的字体判断对方的知识水平和文化素养，尽管人们已经普遍使用规划化办公设备工作。

提到笔迹与心理，可能人们都会想，这二者怎么可能有关系呢？但实际上，生活中人们常说“字如其人”。可见，一个人的个性心理与其字迹是有一定关系的。

的确，笔迹作为人们传达思想感情、进行思维沟通的一种手段，像其他人体语言一样，是人体信息的一种载体，是大脑潜意识的自然流露。我们的确可以从一份笔迹上猜测出书写者的性格特点、心理等，而且成功的概率可以达到60%～70%；这一点，也已经成为很多用人单位招聘员工的一

个潜在考察点。

例如，在美国，已经有三百多家公司在聘用人才时，接受笔迹学家的意见。他们认为，通过笔迹，可以看出应聘者在求职时的心理状态，并且利用这一点还能做到人尽其才，按照每个人的不同性格安排工作，更能发挥他们的专业才能。

关于笔迹学，美国著名的心理疗法专家威廉·希契科克的研究已经有二十多年，并藏有4万份笔迹档案。从中他得出了一些具体的结论：一个人的性格、心理状态和逻辑思维能力等很多方面都在笔迹上有所体现，具体来说，我们可以从以下几方面来看：

从字体大小看，字体写得过小则是有观察力和会精打细算的人，字迹过于紧凑则具有吝啬和善于盘算的性格；字体写得过大的人是举止随便、过于自信和做事比较草率的人。

从笔迹是否均匀看，一个人的笔迹若不均匀，那么表现他可能是脾气暴躁、嫉妒心强，甚至是喜欢搞小动作、小阴谋的人；一个人笔迹轻重均匀适中，则表现书写者是个性格平稳、成熟稳重的人，交代给他的事，他一般都会努力完成。对于下笔很重者，则有可能是内心敏感的人。

从字体结构看，字体方正的人，一般都是做事严谨、记忆力强、认真的人；而反过来，字体方圆、在大小、长短等方面有变化的人，则多半是适应能力强、善于与人打交道者。

从字体的形状看，字写得有棱有角的人，一般都是个性鲜明、立场坚定的人；反过来，字体圆滑者，多半也和他的性格一样，他们为人随和、老练，善于笼络人心。

从字体是否有变化看，在笔迹上总是追求更新颖的人，多半也是勇敢的、爱冒险的人；而在字里行间起伏不平的书写者富于外交手段，善于发现别人的弱点；书写时越写越往上者是个乐观主义者，而越写越往下者则是个悲观主义者。

另外，我们还发现，生活中，有些人在写字时，会刻意模仿他人的笔迹，这种人一般都能独当一面，很可靠；在书写阿拉伯数字的时候，有些人会写得很美，这样的人一般内藏心机，能做到喜怒不外露和沉着应付大事。

**心理小贴士**

不同性格的人在书写的时候，在字体的大小、形状、字的模仿性等方面都完全不同，了解这些，能帮助我们看到他人的心理活动，从而帮助我们懂得怎样与人交往。

## 通过名片分析对方性格

麦琪现在是一家知名风投公司的投资人，最近，她看好了一家小公司，准备对其进行投资。但在见面时，对方的态度却让她大失所望。

这天，麦琪和助手来到这家公司，为了方便起见，对方就把午饭安排在了公司附近的一家酒店。到达吃饭地点后，双方按照程序，进行了一番自我介绍以后，便进入了交换名片的环节，麦琪的助手把她的名片递到对方公司接待人员手中。而令麦琪惊奇的是，对方竟然丝毫没有看她的名片就直接把它丢到桌子上，也没有再回赠名片的意思。

整个饭桌上，麦琪都不怎么高兴，也没怎么说话，原本打算了解的关于这家公司的很多问题也都不想问了。

第二天，这位公司的负责人前来咨询投资的事，对此，麦琪的回答是："我是不会与这么不懂礼节的公司合作的，我想贵公司现在需要做的是先给员工上一门礼仪课。"

这则案例中，这家公司为什么失去了一个被投资的机会？问题出在了名片上。从这里我们看出一点，现代社会，名片在人际交往中的重要性。

从某种程度上来讲，名片就是我们身份的代表。有的名片甚至囊括了一个人一生的成就和所得。所以，通过名片看一个人是十分有效的方法：

1. 喜欢大字体的人

这类人喜欢表现自己，功名心很强，在人际交往中，他们希望自己能成为焦点。他们善于与人交往，表现得相当平和与亲切，且具有绅士风度。这种人不会迷失自己，遇到利益时，他们不会拱手让给别人。表面上看，他们和谁相处得都不错，但实际上，不容易让他人真正地靠近。他们善于隐藏自己，为人处世懂得谨慎行事、把握分寸，使一切都恰到好处。

2. 名片上没有任何头衔的人

这类人大多有自己的个性。他们不喜欢循规蹈矩，不喜欢虚伪的人和事，他们不在乎金钱与地位，也不太在乎世俗的看法，他们只喜欢按照自己的意愿去做任何一件事情，而不是被他人支配和调遣。而与此同时，他们也很少对别人指手画脚，发号施令。他们具有超乎一般人的想象力和创造力，所以经常会有所创新和突破。

3. 在名片上附加自己家里的住址和电话的人

这类人无论在能力、社交等各方面都相当优秀，有对自己、对社会负责任的态度。这样，如果他不在办公室，对方一定会找到家里来，把事情解决。而与此相反的，恰恰有许多人为了逃避工作上的麻烦，而拒绝告诉他人自家的地址和电话。不过，这样做可能会被他人利用，故投放名片时，要小心提防。

4. 名片上有别名或改名的人

这类人叛逆心比较强，为人处世比较小心、谨慎，无法与周围的人合拍；另外，他们还有点神经质，常常怀疑周遭的一切，猜疑别人的同时也怀疑自己，这使得他们很容易产生自卑感，在遇到挫折和困难的时候，缺乏足够的信心，总是想妥协退让。从某一方面来讲，他们没有太多的责任心，并且还总会想方设法来逃避自己该负的责任。

5. 比他人较快递出名片的人

比对方更早递出名片，是着重诚意的表现。其效果是慎重、厚重、重礼仪。收到名片后仍然不拿出名片给对方，则是粗鲁无礼以及拒绝的表现。

6. 到处给名片的人

无论在什么场合，他们都喜欢把自己摆在一个显眼的位置，好让他人随时能看到。他们不但容易忘记自己在什么时候拿名片给了什么人，而且轻易地把名片当成一种传单，漫天乱撒。这种类型的人是经营者的话，大多是老板、伙计或推车四处奔走的私营企业主。虽然常想不劳而获，大捞一笔，但也常有偷鸡不成，反蚀一把米的危险性。

7. 经常若无其事地掏出一大堆别人的名片的人

像这种带着大把他人的名片外出的人，大都是以自我为中心的类型，其特征是活动性强，口才很好，说话绝不会出任何纰漏，是能够获得他人喜欢的人。他们的社交能力、组织能力比较强，具有不错的口才和充沛的精力，成功的概率还是比较大的。与这种人商谈之前，最好能立下约文保证。

**心理小贴士**

名片是当代社会不论私人交往还是公务往来中都最为经济实惠而且最通用的介绍媒介，具有证明身份、广交朋友、联络感情、表达情意等多种功能。名片使用率之高告诉我们，分析他人的名片，能帮助我们更清晰地了解其性格和心理特征。

# 他为什么喜欢坐在那个位置

曾经有一家知名外企来到某大学进行校园招聘活动，当时，全校一共有八百多人参加了他们的宣讲会，但是需要在大会结束时留下1/3的学生准备下一轮选拔。外企如何快速发现人才？原来关键就在于看人家对于座位的选择。

首先，考官会看进场的状态，谁坐在前面先留下，最后三排没希望，不管他如何优秀坐角落两边的也不要。坐中间的要看听课状态，如果认真并且眼神有互动，积极回答问题也可以考虑，这样会留下1/3的同学。

这家知名外企选拔人才的方式其实是有一定的心理原因的，因为人们在某些特定环境中挑选的位置或者对座位的特殊偏好就能够读出人们内心的想法。意大利非语言交流学家马克·帕克利对人们在车厢中的行为作了多年研究，他认为，人们上了空的公交车后，一般都不会选定第一排座位——这排位子通常到了车厢快满时才有人坐。心理咨询师认为，这种选择是人类特有的安全感造成的。当你选了第一排座位时，坐在背后的人会让你感到一种潜在的威胁，因为你看不见他们在你背后做什么。其实，不仅是坐公交车，很多场合下，人们都不愿意选第一排的座位。

其实，社交场合，我们也可以根据人们挑选座位的方式来了解他们的性格，具体来说：

1. 喜欢挑选中央位置的人表现欲望强、以自我为中心

一般来说，这样的人不多见，他们有很强的表现欲。人际交往中，他们的话题总是离不开自己，很少关心他人。他们很爱面子，在某些场合，他们会主动站出来买单，在工作中，有领导气质。

当然，他们最大的缺点就是很少顾及他人感受。比如，如果在饭店吃饭，服务员因为不小心上错了菜，他必定会马上与服务员争执，甚至会说出难听的话来。总之，他们并不是那么容易沟通和相处。

2. 喜欢靠窗而坐的人平凡

窗边位置明亮，且能看见窗外行人车辆以及发生的事，通常来说，个性平凡的人喜欢挑选这样的位置坐下；另外，这样能避开人多的洗手间附近，尽可能远离喧闹嘈杂的人群。

3. 喜欢坐在入口处附近的人，属于个性急躁的类型

他们精力旺盛、对生活工作都很积极、乐观，总是乐于助人，喜欢走来走去，好像永远闲不下来。

4. 喜欢角落位置的人喜欢安定

尽可能地选择角落位置的人，也是因为坐在角落里能对店内全景一览无余，这样，他就能看清楚所有的人和事。

一般来说，这种人追求一种安定、稳妥的生活。由于他们习惯做一个旁观者，基本上缺乏决策的能力，以及作为一位领导者应有的积极态度。因此，与其要他做一位领导者，还不如请他当顾问来得合适。

5. 喜欢面向墙壁的人孤傲

偏好靠近墙壁附近的座位，而且喜欢面向着墙壁背对着其他客人的人，显示出他们不想和其他人有任何瓜葛的心态。背对着其他客人显得孤傲，热衷埋头于自己的世界，无视于外界的存在。

6. 喜欢背靠墙壁的人普通

同样选择靠近墙壁的座位，但喜欢背对墙壁、面对店内客人而坐的人，应该算是很普通的类型。人们会将背部贴着墙壁，是一种十分寻常的心理反应。因为背靠着墙壁，我们便不需要担心背后是否会有敌人偷袭，而又可以眼观六路、耳听八方，注意周围的动静。

对一般人来说，由于背部没有长眼睛，很难注意到有什么事情发生，因此，将背靠着墙壁，是一种能令人安心的本能反应。

当然，以上是针对单个人在某个场所选择座位时的情况分析，当众人一起进入某个场所时，人们选择座位的方式应该另当别论：

进入场所后，环顾四周，然后对其他人说：“坐那里吧！”这样的人很自信、很有气场，是会直接表达内心想法的人，但也可能因为独断而让他人生厌。

带领着大家就座，却发现位子已经被其他人占领，于是不得不重新寻找，有这样习惯的人判断力欠佳，且会作出错误判断，经常会出现小失败，不过反而凸显其个人魅力，乐于配合他人，老实的性格受人欢迎。

总是跟在大家后面的人等待被人安排的人通常有依赖心理，他们自己不会主动去做一件事，只是配合其他人。

会立即问工作人员具体情况的人，他们虽然懂得变通，但他们会以现有结果为优先，而忽视其他一些更为重要的因素，如其他人的喜好与氛围等心理因素，也有不考虑别人意见与想法的一面。

**心理小贴士**

我们经常会因为需要而坐在咖啡馆、餐厅、会议室等这些地方，你喜欢坐在哪个位置呢？通过不同的位置，我们可以大致判断每个人的个性。

# 拉近彼此的心理距离

老陈从单位退休后，一直闲来无事，就把眼光盯着女儿菲菲。不过话说回来，菲菲已经28了，是到了谈婚论嫁的年纪了。于是，在老父亲的逼迫下，菲菲只得把自己交了半年多的男朋友带回家。

这天。老陈忙了一上午，好好备了一桌子菜。菲菲的男朋友是个很害羞的小伙子，在饭桌上只顾自己吃饭，甚至不敢抬头看未来的岳父。看到年轻人这么拘谨，老陈决定好好和这个小伙子谈谈。于是，他对菲菲和菲菲妈说："厨房还炖着鸡汤呢，你们再去看看，别炖糊了。"

等二人离去后，老陈对小伙子说："小王啊，你别紧张，你就把这当自己的家。你现在的心情我也理解。当年，我在认识菲菲妈的时候，也去见了老丈人，当时心里也是七上八下的，生怕表现不好，惹了老丈人生气……"老陈说到这里停住了。

小伙子接着问下去："那后来呢？"

"后来，菲菲他外公也说了同样的一番话给我听，我就不紧张了。因为这证明我老丈人家还是蛮喜欢我的。"老陈说完这番话，小伙子和老

陈一起笑了起来。笑声引来了菲菲和菲菲母亲，母女俩不知道发生了什么事，问他们也不肯说。

令人高兴的是，老陈这一番话后，小伙子明显放松了，还主动向老陈敬酒。一桌饭吃下来，老陈笑呵呵地答应了把女儿交给这个小伙了。

故事中的老陈是个很懂得与人拉近心理距离的人。面对拘谨的小伙子，他主动吐露了自己曾经见岳父的经历，一番话消除了对方心里的紧张感，双方自然亲密起来。

其实，社交活动中，尤其是在初次见面的时候，能否达到沟通目的，取决于我们和对方心理距离的远近。善于社交的人，可以与对方一见如故，相见恨晚，赢得交际的主动；处理得不好的人，只能导致四目相对，局促无言。

事实上，任何两个初次见面的人，都处于一定的心理戒备状态，彼此之间都会存在心理距离。而社交的根本目的也就在于打破这种心理隔膜，建立友谊，从而达到更深层次的交际目的。如何拉近彼此之间的距离，最重要的一点就是我们要懂得运用一些心理策略，制造出惺惺相惜的心理磁场，从而达成一种心理认同感。

那么，我们该怎样与初次交往的人拉近距离呢?

1. 寻找共同话题

这就要求我们善于观察，一个人的心理状态，性格、爱好乃至精神追求等，都或多或少地要在他们的表情、服饰、谈吐、举止等方面有所表现，只要你善于观察，就会发现你们的共同点。此外，我们还要学会揣摩、分析，因为对方很多信息都隐匿在交谈的话语中，细细分析才会有所察觉。

2. 学会一些拉近彼此之间关系的语言技巧

比如，我们可以多从以下几个方面注意自己的说话方式：

首先，多赞美对方。

若想让对方觉得我们关心他，就该赞夸他的各种潜力；多赞美对方较不易为人所知的优点，可以加深对方对你的好印象；每次见面都找一个对方的优点赞美，是拉近彼此间距离的好方法。

其次，多注意一些礼貌用语。

使用“请教”“帮我”等话语，能较易获得对方的好感；常用“我们”这两个字可以拉近彼此间的距离。因为善于运用“我们”来制造彼此间的共同意识，对促进我们的人际关系将会有很大的帮助。

再者，与人交谈中，会话中多叫几次对方的名字，增加彼此间的亲近感。

不断地称呼对方的名字，往往会使刚刚才认识的人产生彼此已经认识了很久的感觉。

3. 以好感为起点，让彼此之间的心理场更稳固

与人交往，找出共同话题，建立好感并不是什么难事，但要将彼此之间的关系更深一层次，就体现你的社交水平了。发现共同点是不太难的，这只是谈话的初级阶段所需要的，你要做的是巩固、加深彼此间的关系。

比如，你可以记住对方“特别的日子”（如结婚纪念日、生日等），然后在这个日子送上一份祝福；还可以经常约对方出来见面，因为见面时间长不如见面次数多，你给对方留下的好印象将会以见面次数的累加而逐渐累加起来。

**心理小贴士**

人际关系的培养，主要是让对方觉得自己亲切而留下好印象。而这个好印象的获得，也主要是从心理认同感方面得来，为此，掌握心理分析的能力和运用心理策略很重要。

# 第15章 情感行为中的心理分析

爱情估计是世间最为美妙的东西，因此才会有那么多人不断地追求与向往。爱情也应该是人世间最美好的一种情感，所以才会让人品味到一种难以言明的幸福。爱情应该有超强的磁力，所以人们不惜耗尽一生的精力去追求这种至纯至美的爱情。然而，在爱情中，仅仅有爱还是不够的，还需要我们用心去经营、去维系。因此，如果我们能了解一些爱情中的心理学知识，并适当采用一些“心理诡计”，不仅能掌握主动，还能让你们的爱情更亲密、融洽和快乐！

## 嫉妒是恋爱中的必然规律吗

古时候，有个叫刘伯玉的人，他的妻子断氏是个典型的妒妇。一次，刘伯玉在看完曹植的《洛神赋》后，不禁赞美洛神之魅力，但没想到，断氏听到后，非常气愤地说：“君何得以水神美而欲轻我？我死，何愁不为水神？”原本刘伯玉以为这只是气话，但谁知道，她真的投水了。后来，人们便把断氏投水的地方叫“妒妇津”，相传凡女子渡此津时均不敢盛妆，否则就会风波大作。

这个故事反映了爱情中普遍存在的嫉妒心理。那么，什么是嫉妒呢？嫉妒是指个体和另一个人之间已有的某种重要关系面临丧失、而被第三者得到时，个体所体验到的一种情绪。最为常见的嫉妒现象往往出现在恋情关系中。当然，在恋爱的不同阶段，人们的嫉妒心理的表现是不同的。

在恋爱初期，也就是萌芽阶段，当一方感受到来自对方的爱时，他（她）都会有一种幸福的感觉，但转念一想，他（她）会产生疑问：她（他）在曾经有没有也这样对另外一个人这样好呢？也爱到这种程度吗？即使双方已经实实在在地成了难舍难分的情侣了，也还是不满足。如果一旦知道自己的情人曾同别的异性有过较亲密的接触和感情上的交流，便耿耿于怀。这是一种对恋人的过去的嫉妒。当两人的交往日渐增多，双方成了对方生活中不可缺少的一部分时，开始对对方的言行举止比较在意，而一些细小的事情或行动，常常容易招来疑惑，引起嫉妒。

有对恋人就是这样。某天，男人下班路上遇到以前的女同学，碰巧，他们住得并不远，于是，他们便边聊边往回走。谁知第二天他的女朋友知道了这件事后，妒火顿生，怀疑他们以前彼此有过好感，怎么解释也不听。后来，这股妒火终于把她和男朋友纯真的感情烧伤了。

恋爱中的人们大多数都是敏感的，一些人在听到自己的恋人与其他异性有接触或恋人在自己面前夸其他异性时，便很容易引起嫉妒、猜疑。如果这时，恋人又对自己进行辩解或坚持自己的想法，那么，另外一方肯定更坚信自己的判断了。在这种情况下，她(他)往往要产生一种“缠住他（她）”的心理，企图以此减轻自己内心的不安。这种情形在女性中较常见，是恋爱进入后期时容易产生的一种嫉妒。

其实，嫉妒也不只是女人的专利，男女双方都有，只是表现方式不同。假如同样是因为第三个人而出现嫉妒心理，那么，女人的做法是转嫁矛盾，会把愤怒转移到那个女性身上，认为她是破坏他人幸福的狐狸精，而男人的做法则是直接对女友发泄，认为其感情不专。

是多半情况下，嫉妒给恋爱中的人们带来的是负面的影响，但事实上，尽管这样，一些人还是很享受甚至是故意制造出让对方产生嫉妒之心的事件。

曾经有一项针对大学生恋爱的研究表明，1/3的年轻女性和1/5的年轻男性曾与其他人打情骂俏或者谈及前任伴侣的事情，试图以此得到现任爱人的关注并借此加强他们之间的关系。但不幸的是，在多数情况下这些策略反而伤害了男女之间的恋爱关系。

心理学对于爱情嫉妒的产生有着不同的解释。其中一种观点认为嫉妒是人格上的一种倾向性，认为人与人之间的嫉妒表达的差异在于个人的嫉妒人格特质的不同。

其实，恋爱中的嫉妒心理，根源于私有制，是占有欲的一种表现。在嫉妒者看来，既然我俩相爱，你就是属于我的，一切必须以我为核心，否则就是对我不专。爱情当然必须忠诚和专一，但忠诚和专一并不等于一方对另一方的“占有”。爱情应与社会和事业联系在一起，如果撇开大千世界，让恋人整天围着自己这个轴心转，这不仅实际上办不到，而且这种爱情也是苍白的。

许多事实都说明，嫉妒是对爱情的一种破坏，是笼罩在恋人间的一层阴影。嫉妒发作时，人们往往会失去理智，做出一些后悔莫及的蠢事来。古往今来，因嫉妒而造谣中伤者有之，自杀者有之，杀人者有之，毁物者有之。嫉妒就是这么个东西，实在有根除铲尽的必要。

不过我们必须承认的是，恋人之间的嫉妒，往往还是为了爱。因此，恋爱过程中，一方产生嫉妒后，不要采取简单粗暴的做法，将深情的爱连同嫉妒的污水一起泼掉，而应当进行细致、合情、入理的“冷处理”，让嫉妒造成的不幸裂痕在真诚的尊重和体贴中得到愈合。

**心理小贴士**

嫉妒并不是恋爱中的必然规律，它往往与一个人的个性、心胸宽窄有很大关系，气量小的人容易产生嫉妒。因此，抵制和根除嫉妒，最根本的就是要加强学习和修养，培养宽阔的心胸，高尚的情操。

# 用“杯子技巧”测出你和对方的心理距离

生活中，可能很多恋爱中的男女都遇到过这样的困惑：随着交往的深入，你对对方的情况也有所了解，你有继续发展的愿望，但接下来，你们却不知道如何把握两人之间的距离感。最可怕的是，当你觉得两个人的感情已经趋于稳定，应该可以进行深入交往时（正式成为男女朋友），对方的想法和你的想法完全不一样。很多时候，正因为这样，两个人闹得不欢而散。那么，你该如何探知对方和你的想法是不是一致呢？此时，你不妨使用“杯子技巧”来帮自己试探。

露露和杰森是一对已经相恋十年的情侣。从大学开始，他们就一见钟情，然后一起读书、学习，一起毕业，然后一起来到上海这座大都市打拼，他们是别人眼中羡慕的一对。

转眼，他们恋爱都已经十年了。这十年里，他们一直都在为自己的梦想奋斗着，但如今，露露已经快三十了，她等不起了。看着镜子里不再青春靓丽的自己，露露有点儿担忧。她想结婚了，想有一个完全属于自己的家。但露露心里明白，杰森是个事业狂，他有着自己宏伟的目标——要在上海开一家属于自己的互联网公司。那么，他到底想不想结婚呢？于是，露露决定和杰森好好谈谈。

这天下班后，露露把杰森约到了他们第一次约会的咖啡馆，刚开始的时候，他们面对面坐着，两个人谁都没有说话，沉默地喝着咖啡。露露想让杰森先说点什么，但杰森却一直在摆弄自己的手机。露露只好主动开口：“亲爱的，你对未来有什么打算吗？”杰森沉思片刻，用坚定的目光看着露露说：“我准备辞职，自己开创一家公司，你认为如何？我在现在的这家单位已经工作六年了，所以，我觉得我已经深入了解了这个行业的运作流程，我有信心，我觉得自己能干好！”露露微笑着对杰森说：“当然，我相信你的能力，你总是那么优秀，几乎任何问题都难不倒你！”杰森接着说：“露露，等我自己开公司，我一定要在上海最金贵的地段给你

买一套大房子，然后咱们生一大群属于咱们俩的孩子！”说着，杰森开始笑起来，他真的很爱露露，这一点，露露心里也清楚。

接下来，露露准备试探一下杰森：“可是，我不在乎是不是能有一栋大房子，我只希望我们两个能够在一起。再过两个月，我就整整三十周岁了。你知道，女人过了35岁生孩子是不好的，我想，现在正是我们结婚生子的好时候。”说着，露露坐到杰森身边，依偎在杰森的肩膀上，顺手把自己的咖啡杯和杰森的杯子放在了一起，彼此紧贴着，就像他们俩一样。“现在？”杰森一边说一边舔了舔嘴唇，他拿起咖啡杯喝了一口咖啡，顺手把杯子放到了距离露露的杯子10厘米左右的地方，继续说道：“露露，我想给你更好的生活，我不希望咱们的孩子出生在一个与别人共用厨房和卫生间的家里。相信我，露露，只要我自己开公司，要不了两年，就能实现买大房子的梦想。到时候，咱们一买好了房子就结婚，保证你可以在35岁之前生宝宝。”露露叹了一口气，她知道杰森的脾气，他决定的事情是无法改变的，既然他想自己开公司创业，就不会在这个关键时刻结婚的。接下来，她要做的就是，鼓励这个她深爱了十年的男人。

其实，作为外人，我们都看得出来，露露和杰森十分相爱，他们完全可以结婚。露露在提出结婚这件事的时候，杰森虽然没有明确拒绝，但他话里的含义，露露已经很明白了。那么露露为什么不坚持一下呢？原因很简单，就是因为咖啡杯。露露依偎到杰森身边的时候，同时也把自己的咖啡杯和杰森的杯子紧紧地放在了一起，但是，杰森显然还没有准备好结婚，虽然他没有明说，但是他在放咖啡杯的时候，把自己的杯子放到了距离露露的杯子10厘米左右的地方。这就说明，杰森心里是不想现在结婚的，所以他才会在不知不觉中把自己的杯子放到了距离露露的杯子10厘米之外的地方。

这就是“杯子技巧”在恋爱中的应用，利用“杯子技巧”，可以探知对方的真实想法。

具体的操作技巧是这样的：周末或者有时间的时候，你可以把对方约出来喝杯咖啡或者饮料，在闲聊的时候，你可以假装不经意地把自己的杯子移近对方的杯子。此时，你可以留意一下，如果对方并没有把杯子移向自己的话，那么，表示他已经接受你了。而反过来，则表明你们的关系还是保持现状比较好，先给对方一段时间吧。通过杯子间的距离，就可测知两人的距离。

当然，我们也不必非要利用杯子，可以使用很多东西。比如，你和他对面而坐，你可以假装不经意地将手越界伸到桌子上他的那一半区域，看他的手或身体是否回缩。如果并排而坐，你也可以假装不经意地将身子向他靠近或倾斜，同时观察他的反应。

**心理小贴士**

恋爱过程中，如果我们能够灵活运用“杯子技巧”，就能方便地测试出对方与自己的心理距离，从而更好地把握交往的节奏和进度。

## 怎样看出他是不是花心

我们先来看一个女人的自白：

“我认识我老公的时候，他当时正失恋。随后，他开始追我，那阵子我身体很不好，住在医院，他便天天去看我。但我家里以及所有的朋友都反对我嫁给他，其中一个朋友对我说，穷男人不能嫁，花心男人更不能嫁，如果又穷又花心，那就是火坑。他们告诉我他在我之前至少跟5个女人同居过。我没有介意，因为他并没有瞒我。结婚一个月后我怀孕了，到那时我才知道，他为了娶我，欠了很多债。我跟他商量，以后他的工资做日常开销，我的存起来，以备不时之需。他同意了。但因为我的工资比他高出很多，结果每个月发薪水那天，他都会发脾气。再后来女儿落地，他却在那个时候辞了职，说是要做生意。我把我全部的积蓄都给了他。

不幸的是，他根本不是做生意的料，钱全部赔掉了。孩子出生后三个月，我就开始上班了，因为家里实在没钱了。而就在那个时候，我发现他有了外遇。他对我坦白，说他过去的那个女朋友来找他了，我当时就哭了。

但他向我保证，以后不会再做对不起我的事情。但不久，我就撞到他们在一起，那一次，他竟然当着她的面对我说离婚。那件事情对我打击很大，我病了很长时间。大概两个月后，他来找我，诅咒发誓甚至跪在我面前求我，我相信了他。但不料，我又发现了他和那个女人的暧昧短信。最近我发现自己又怀孕了，我说等我把孩了流掉之后，咱们分开吧，他说'不要老说这些话，我跟她没有可能的，你永远是我的老婆'，他说想要这个孩子，但是被他伤了这么多次之后，真的很难再去相信他，我到底应该怎么办？”

可能当我们听完这个故事之后，一定会说，这样的男人还有什么好留恋的？花心男人假如屡屡得手，必然是有恃无恐越发猖狂，同时越来越把你当傻瓜。所以，尽早识破花心男人，既可维护社会安定，也可维护你的个人尊严。在这个问题上，女人绝不能心慈手软、姑息养奸。

可是，也许有些女人会问：怎样才能尽早识别身边的男人是不是花心呢？

1. 突然袭击——去他家，看他的反应

如果他是个专一的男人，当他知道你已经在他家楼下，他一定很高兴，然后亲自去楼下接你；而如果他是个花心的男人，他一定会找借口推脱，如果他惊慌失措地出言拒绝，那一定是心里有鬼，即使不是花心，也是难以信任的，和他交往还是小心为是。

2. 公共场合，他是怎么对你的

有些男人在私底下对自己的女朋友很好，甚至会提出一些亲热的要求，而一到了公共场合，他就装出一副不认识你或者与你不熟悉的态度，也不愿意把你介绍给他的朋友，那么，他肯定有问题。要对此进行判断，你不妨主动要求他把你介绍给他的熟人，注意观察他的表情；再或者，你可以主动靠近他，在他朋友面前做出亲昵的举动，要是他的朋友知道他和别的女人有染，他一定会因此狼狈不堪。

3. 看看他说的是不是真的

有些男人经常向自己的女朋友谎报自己正在加班、见客户，其实，他们是为了与其他女人约会。对此，你不妨根据他说的，亲自去现场一查究竞。当然，对于你的突然到访你要找个好点的借口，比如，顺路送点汤、在附近逛街等。如果结论是他说了谎，那你就需要重新认识这个男人了。需要指出的是，这一条务必慎重，仅凭本条是没法最终定案的。

4. 要清楚他的收支状况

男人花心也是需要代价的，至少他要在金钱上应付两个或者更多的女人。因此，你要多留个心眼，如果他莫名其妙花去了一大笔钱并没有告诉你，或者在他的口袋里发现了某些适合男女约会的场所的收据，那么，你最好要搞清楚真相了。

5. 看他的手机状态及接听方式

那些花心的男人通常在对待自己的手机上会有以下表现：回家后总是把手机小心翼翼地放在自己身边，而且，无论是来电铃声还是短消息的提示音，他都会第一时间拿起手机独自查看，回复短消息也是悄然进行。

当你想借他手机打个电话时，如果他有问题，那么，他肯定找个办法拒绝。实在无法拒绝的时候，他会监视着你使用电话。即便如此，在你借用电话时仍会让他坐立不安和惶恐不安，一旦发现有查阅手机记录的迹象，立马会抢夺手机。

6. 闻他身上残留下的香水味道

女人一般都有自己钟爱的香水品牌，所以，如果有一天他的身上残留着你认为陌生的香味，那他就很可能与别的女人有染了。这是一条很古老的鉴别方法，却很有效。

**心理小贴士**

花心的男人为了掩饰自己的花心行为，通常会做出一些“奇怪”的行为，为此，只要我们细心观察，就能找到蛛丝马迹。当然，如果得知他是个花心的男人，那么你最好趁早斩断情丝。

# 女人情感“走私”有何征兆

小李和丈夫小张大学时候就开始恋爱了。毕业以后，两人顺利步入了婚姻的殿堂，可以说，他们是周围同事、同学、朋友羡慕的模范夫妻。小张是个体贴的男人，在学校的时候，他就一直充当着大哥哥的角色照顾小李，而且无微不至。而小李则像一只温柔的小鸟，总是偎依在小张的身旁。

婚后，小张提出自己创业，并要努力为妻子换个大房子。于是，他们便把几年存下的积蓄拿出来，开了自己的公司。从此，小张起早贪黑地工作，常常应酬到半夜才回家，然后倒头就睡，偶尔早回家，也是埋头查资料、写方案。

小李变得孤独了，刚开始，她总是在丈夫身边，希望丈夫和自己说说话。但丈夫太忙了，他期盼着成功，期盼着为妻子奉献高品质的生活。然而，小李对丈夫并不理解。

久而久之，小李开始出去结交一些朋友，后来，她通过朋友介绍认识了一个健身教练，小伙子干净、阳光、贴心，小李很快被他俘虏了。

有了新恋情后的小李好像换了个人似的，每天都打扮得光鲜亮丽地出门，晚上很晚才回家，有时候就打电话告诉丈夫自己睡在好姐妹家了。她再也不在小张身边唠叨了，小张是个大大咧咧的男人，对妻子的这些异常并没有在意。

一次，小张下班回家，在楼下等电梯，隔壁邻居王大姐说：“张先生，你工作很忙吧，不过你还得多关心你太太啊，你知道，你太太那么漂亮，一个人很容易被人惦记上的。”小张听得出来，这是话里有话。

晚上回家后，小张综合考虑了一下妻子最近的表现，他肯定妻子有外遇了……

我们并不知道这个故事的结局，但从这个故事中，我们可以看出，外遇是婚姻最大的杀手。但在婚姻中，无论是谁出了轨，肯定都做得非常隐秘。尤其是女人，对于外遇会更加小心谨慎。你的妻子是否有外遇，从她口中是很难得出正确答案的。但是，凡事都有征兆，就像下雨前蚂蚁搬家一样，做丈夫的你要留心看你妻子是不是表现反常，以判定她是否有外遇，其具体表现如下：

1. 她突然很爱穿着打扮

如果你的妻子曾经是个家庭主妇，经常在家不修边幅，而现在经常会穿着光鲜的衣服出门，还会经常买一些性感的内衣或者是晚上回家后穿着新买的内衣，那么，你就要警惕了。

2. 她突然对电话神秘兮兮的

以前，她最讨厌的是接你的电话，突然从某一天起，她总是抢在你的前面去接听电话，并且交谈的声音比往常低，交谈几句就匆匆挂断。

3. 人在曹营心在汉

在家时，你的妻子总是坐卧不安、心神不宁，做梦的时候还会呼唤另外一个异性的名字。曾经她对你照顾得体贴入微，而现在她好像看不见你似的。

4. 行踪可疑

以前，你的妻子按时上下班、接孩子、做饭，即使是周末，也是和你守在一起。但现在，她经常早出晚归，你打她电话，也是经常打不通；她经常称自己要加班或者和某个姐妹出去玩。

5. 同事、邻居、同学、朋友看你的眼神很特别

不得不承认，当局者迷。当你的妻子有外遇时，通常知道最晚的是你自己，你的同事、邻居、同学或朋友可能先于你知道，当他们亲眼看到或耳闻你的妻子有外遇时，想告诉你又担心你承受不了，所以，他们看你时的眼神总是显得与往常不一样。

6. 对于你的坏习惯，她似乎一下子又能忍受了

如果你有赌博、酗酒等不良习惯，过去你的妻子一直唠叨着企图劝你改掉它，现在她却突然不再唠叨了。

7. 往常的工作习惯、生活习惯突然改变

你的妻子工作时间突然无故延长；加班的次数变得频繁；对单位的一

切活动，如舞会、联谊会、旅游等参加得比往常积极。

8. 可疑的物品

你的妻子经常带回鲜花、礼物或纪念品；你帮她洗衣服时发现情人节卡片或某酒店、舞厅的优惠卡；你与妻子很久没有过性生活了，但突然从她衣服口袋里或提包里发现了避孕套或避孕药。

以上所列，是女人情感走私的通常表现，但这并不是说，凡有上述表现者，一定都有外遇。不过，可以肯定地说，在这八种表现中如果有四种以上同时出现仍无收敛，那么，她情感走私的可能性就很大，值得注意或引起警惕。

**心理小贴士**

女人情感走私后，通常比男人更隐秘，更难察觉，因为她们的情感更细腻。为此，作为男人，在日常生活中最好还是对妻子多关心，以减少妻子出轨的可能性。

## 从约会的时间观看人的性格

“不好意思，刚才那会儿车子发动不了，你再等我十分钟，我马上到……”电话这头小鹏给女朋友莉莉解释。莉莉心想，这已经是我们恋爱以来你第十九次迟到了，而事实上，他们的恋爱才两个月。

两个月前，高大帅气的小鹏得知公司公关部新来了一位美丽的女孩莉莉，便展开攻势，而他的帅气一下子也吸引了莉莉，很快两人坠入爱河。然而，也不知道为什么，无论什么时候约会，小鹏总是会迟到，最短十分钟，最长一个小时。莉莉实在忍受不了了。

于是，这次，等小鹏风风火火地赶到约会地点时，莉莉很正式地对他说：“鹏，我们分手吧，我不想做那个永远等着你的人，再见……”

故事中，莉莉之所以会向小鹏提出分手原因是小鹏是个“迟到大

王”，换作是谁，恐怕也会和莉莉一样作出这样的选择。其实，可能小鹏自己都没有意识到，他之所以会经常迟到，是与其性格有一定关系的。在心理学家皮埃尔·温特看来，这实际上表达出一种强烈渴望关注的态度，他们希望得到别人的重视，成为人群焦点。因此，他们多半都是固执的，不喜欢接受他人的意见。与这样的人恋爱，我们需要明白的是，我们不要指望影响他们，改变他们。尊重他们的意见，与其和平相处也许是最好的恋爱模式。

的确，生活中，我们经常听到有些人为自己找借口，“我堵在路上了”“我出门晚了”……事实上，一个人的时间观影响着他的行为，也暴露着他的性格特点。

1. 总是迟到

他是大家眼中的“迟到大王”，无论要去做什么，他没有几次能按点出现。因此，知晓他的性格的人多半会在约定时间后才会出现。当然，在与异性交往过程中，他们常常也会因为这一点而得罪对方。

这类人喜欢按照自己的意志行事、不受他人控制，就像一个任性、固执、长不大的孩子。

2. 从不迟到的人

有的人不仅从来不迟到，而且总是提前一点到达约会地点。这样的人对生活抱有敬畏、尊重的态度。爱惜自己的时间，也尊重别人的时间，宁愿自己等，也不愿让别人等。他们做起事情来小心谨慎、计划性强。

3. 踩着点达到约会地点的人

还有一些人习惯踩着点到达，他们习惯严格掌控自己的生活，喜欢有条不紊地完成事情，是典型的“完美主义者”。生活一旦发生突发状况，他们则会显得有些焦虑不安。

他们的性格中也有一些弱点，有仅仅凭个人的好恶或价值观来决定事情，并希望别人也以同样的角度或标准来处理问题的倾向。有时他们心里老想着别人的问题，可能会过于陷入其中，以至于被其困扰。有时容易将别人或事情理想化，不够实际。他们不是特别善于管束和批评他人，尽管

常常自我批评。有时会为了和睦而牺牲自己的意见或利益。有些“理想主义者”比较容易动感情，情绪波动较大。

4. 不喜欢迟到，但不会拼命赶时间

还有一部分人，不喜欢迟到，但也不会为了守时拼命赶时间。这样的人通常生活比较随意，喜欢自由自在，不轻易勉强自己。为人坦诚，不擅伪装。另有一些人，喜欢一边等人一边不停地看时间。这类人不仅时间观念强，而且对他人也有着严格的要求，做事希望拿出“证据”，用事实说话。

当然，无论您是哪种性格的人，一定要记住守时是很重要的。不守时，既浪费了自己的时间，也浪费了别人的生命。这看似是一件小事，却体现了你的做人态度，如果你对别人的时间不表示尊重，你也不要期望别人会尊重你的时间。一旦你不守时，你就会失去影响力或者道德的力量，而守时的人会赢得每一个人的好感。

**心理小贴士**

不同性格的人，有不同的时间观念。通过观察他人赴约时常有的时间观念，能帮助我们更清楚地了解他人的性格。

# 失恋后如何自我调节

他是一名大学教师，已经三十好几的他，还没有找到对象。家里急了，他自己也急了，于是，在朋友的介绍下，他认识了在某事业单位的她，见面之初，他们都对彼此的谈吐很中意。很快，在所有的亲朋好友的祝福下，他们结婚了。

但真当他们成为夫妻后，才发现在很多问题上俩人存在很大的分歧，于是，他们经常吵架，没有哪一天是安静的。结果刚结婚半年的他们，就决定离婚。但令周围朋友奇怪的是，离婚后的他们反倒关系好了，彼此间

遇到什么麻烦事，对方总是出手相助。他开玩笑地和朋友说："可能是婚姻束缚了我们吧。"

的确，正和故事中的男女主人公一样，当爱情不存在的时候，如果我们还死死抓住，不肯放手，那么，只能伤人伤己，而适时放手，则是一种解脱。因此，分手，失恋，都不必太在意，因为昨天即使再美好，也必将成为过去；今生还有很长的路要走，更重要的是过好今天，把握明天。

的确，能够放手的爱也是美丽的。不能拥有的爱，就放手吧，只要你曾经拥有，你曾经幸福过，你的人生就是幸福的。

其实，爱情本身是一种美。然而，有恋爱就有失恋。失恋这种痛苦的情感体验，会给人们造成不同程度的心理创伤，往往会使人处于强烈的焦虑、自卑、悲伤甚至绝望的消极情绪中，也会使一些人产生自暴自弃、对人不信任、猜忌、报复等不良心理障碍。从这个角度讲，失恋可以称为人生中最严重的心理挫折之一。然而，失恋也是个人成长的一部分，如果能正确对待，它就会成为生命中的一种蜕变和提升！因此，任何一个人，都必须以达观的心态面对爱情，要学会坦然面对爱情带来的悲欢离合，走出失恋的阴影，经历成长，继续在美好的人生路上轻舞飞扬。

许多人会在恋爱中迷失了自己，找不到自我，甘心付出很多，结果却是一败涂地。如果说杰克死后，露丝也跟着沉到海底，那么就没有了那感人至深、赚了观众无数泪水的《泰坦尼克号》。爱情的意义不是让一个人为另一个人牺牲，而是两个人共同付出，彼此幸福。

我们都是平凡的红尘男女，挣不出爱恨纠缠的情网，逃不出爱与被爱的旋涡。面对失恋，我们肯定会痛苦，那么，失恋后，我们该怎样调节自己呢?

1. 尽情地发泄失恋后的不良情绪

不管是什么人，再怎么坚强，面对失恋，也难免会产生焦虑抑郁等不良的情绪。而那种想哭又不敢哭，甚至还要强颜欢笑，表面上看起来好像很"坚强"的做法，其实是对自己的伤害。任何人都有哭的权利，尤其是在失恋时。不能在众人面前哭的人，可以找个地方私下痛哭一番；不习惯

大哭一场的人，也不妨让自己的眼泪静静流淌。

2. 正确认识失恋

恋爱与失恋都只是一种选择的结果，他没有选择你，并不是表明你一无是处，而是彼此不合适而已。

你从失恋中获得的，是其他任何经历都不能给予的财富。在这个过程中，可能你会体会到一种难以遏制的痛苦、一种心灵的冲击，正是因为这样，你更应该把它当成一笔人生的宝贵财富，它使你有了更多的人生体验，使你在失恋中变得更加成熟。

失恋是另一场爱情的开始，你要明白，失恋可能对于你来说是一次挫折，但却给彼此双方另一次恋爱的机会。

3. 学会坚强

失恋者在初期最常见的情绪反应就是丧失信心、自怨自艾、愤愤不平，觉得无脸见人，或自甘堕落、逃避现实。报复之法不可取，而自己灰心丧志，每日以泪洗面，误了正事也不可取，这都是不好的情绪反应。

处理失恋后的愤愤不平，最好的方法是好好过日子，自立自强，活得比以前更好，努力使日后的学业、事业更加进步、发达，将来娶（嫁）一个比原来更好的对象。

一般来说，失恋三个月左右都能自我调整，但是三个月到六个月还无法自我调整，那么就需要向专业的心理咨询师进行情感心理咨询。

**心理小贴士**

失恋是一种特殊的情绪体验，如果问失恋是什么感觉，那么谁也说不出来。失恋引起的主要情绪反应是痛苦与烦恼，为此，我们有必要在失恋后进行心理调节，只有这样，我们才能正确对待和处理这种恋爱受挫的问题，愉快地走向新生活。

# 参考文献

[1]易东. 心理分析术[M]. 北京：中国纺织出版社，2012.

[2]王保蘅. 弗洛伊德心理分析术[M]. 南京：江苏凤凰出版社，2013.

[3]马里奥·亚考毕. 相遇心理分析：移情与人际关系[M]. 广州：广东教育出版社，2007.